水稻 OsMADS1 基因克隆及其功能解析

Cloning and Function Analysis of Rice *OsMADS1*

李鹏慧 高 阳 刘战东 著

中国农业科学技术出版社

图书在版编目（CIP）数据

水稻 OsMADS1 基因克隆及其功能解析 / 李鹏慧，高阳，刘战东著. --北京：中国农业科学技术出版社，2023.7
ISBN 978-7-5116-6366-5

Ⅰ.①水… Ⅱ.①李… ②高… ③刘… Ⅲ.①水稻－基因克隆－研究 Ⅳ.①S511.032

中国国家版本馆CIP数据核字（2023）第131492号

责任编辑　李　华
责任校对　李向荣
责任印制　姜义伟　王思文

出 版 者	中国农业科学技术出版社
	北京市中关村南大街 12 号　邮编：100081
电　　话	（010）82109708（编辑室）　（010）82109702（发行部）
	（010）82109709（读者服务部）
网　　址	https:// castp.caas.cn
经 销 者	各地新华书店
印 刷 者	北京建宏印刷有限公司
开　　本	170 mm×240 mm　1/16
印　　张	7.75
字　　数	128 千字
版　　次	2023 年 7 月第 1 版　2023 年 7 月第 1 次印刷
定　　价	65.00 元

版权所有·侵权必究

内容提要

本书针对一份"麦稻"特异水稻新材料，开展了对其表型及突变基因的克隆分析，并解析了该基因的功能。首先分析了麦稻的典型表型，之后利用传统图位克隆和基因组高通量测序的基因定位克隆技术（Mapping by sequencing，MBS），分析克隆了麦稻的候选基因；分析了$OsMADS1^{Olr}$突变位点与麦稻表型在代表性水稻材料中的关联性、其突变位点处的氨基酸保守性以及其qRT-PCR表达谱；利用$OsMADS1^{Olr}$过表达植株和$OsMADS1$-RNAi植株，验证并解析$OsMADS1$基因调控水稻粒型的功能；研究了$OsMADS1$基因对稻米外观品质与贮藏蛋白含量的调控功能，为$OsMADS1$在水稻粒型与品质分子育种中的应用提供了科学依据并奠定了一定科研基础。

本书可供研发高产、高品质的农业育种家以及研究水稻粒型和稻米品质的科研人员阅读，也可供高等农业院校相关专业师生与农业科技人员参考。

前 言

水稻（*Oryza sativa* L.）不仅是全球一半以上人口的主粮作物，同时也是作物遗传、发育、分子与基因功能等研究的较成熟的模式物种。而粒型与稻米品质又是决定水稻产量、稻米营养与商品价值的关键因素，受一系列关键基因和环境因素的综合调控。因此，利用特异水稻种质资源，克隆水稻粒型和稻米品质的关键调控基因并进行功能机制解析，是利用这些关键基因进行技术研发、开展种子精准设计育种与基因工程育种，选育高产优质水稻新品种的基础，具有十分重要的科学理论意义和潜在的应用价值。

本书旨在利用2001年发现的一份"麦稻"特异水稻新材料，运用表型分析、发育生物学、遗传学、分子生物学、生物化学、转基因功能验证和比较转录组学等综合技术手段，在对麦稻粒型和稻米品质等典型表型及其遗传规律进行多年多点鉴定与分析的基础上，克隆并验证了导致麦稻表型的 *OsMADS1*^{Olr} 新等位基因。研究发现，水稻MADS-box转录调控因子 *OsMADS1* 基因不仅对水稻花发育具有重要的调控作用，而且对水稻粒型和稻米品质特别是稻米贮藏蛋白含量具有十分重要的直接调控功能，可能通过调控 *GW2* 和 *GW5* 等水稻粒型相关基因的表达来控制水稻的粒型，同时，通过调控稻米贮藏蛋白合成与转运途径相关基因的表达来控制稻米的贮藏蛋白含量。另外，利用研发的水稻种子特异性干扰载体 *pOsOle18*-RNAi，不仅初步发现 *OsMADS1* 基因对水稻稻米贮藏蛋白含量具有直接调控作用，还得到稻米贮藏蛋白含量极显著提高的稳定转基因株系，具有一定的技术储备与应用价值。因此，本研究不仅揭示了 *OsMADS1* 对水稻粒型和稻米贮藏蛋白含量具有十分重要的调控作用，也表明了 *OsMADS1* 在水稻粒型与品质分子育种中具有重要的应用潜力与价值。

本书由中国农业科学院农田灌溉研究所李鹏慧、高阳、刘战东负责撰写和校稿工作，在课题研究及书稿撰写中，得到了司转运、梁悦萍、宁东峰、李森、马守田、秦安振、段爱旺等一些同行的大力支持。另外，本书在撰写过程中还参考和引用了大量国内外相关文献。在此，谨向为本书的完成提供支持和帮助的单位、所有研究人员和参考文献的作者表示衷心的感谢！有些英文为行业术语，本书中未作翻译。由于著者水平有限，书中存在的不妥之处，敬请读者朋友批评指正。

著　者
2023年6月

目 录

1 绪论 ·· 1
 1.1 水稻粒型的调控研究进展 ··· 1
 1.2 稻米淀粉和贮藏蛋白的调控研究进展 ································· 12
 1.3 水稻*OsMADS1*基因的研究进展 ······································ 17
 1.4 本研究的目的意义 ·· 21
 1.5 研究路线 ·· 22

2 麦稻的典型表型鉴定与分析 ·· 23
 2.1 材料 ··· 23
 2.2 方法 ··· 23
 2.3 结果与分析 ··· 25
 2.4 讨论 ··· 33

3 麦稻候选基因*OsMADS1*的克隆 ··· 35
 3.1 材料 ··· 35
 3.2 方法 ··· 35
 3.3 结果与分析 ··· 37
 3.4 讨论 ··· 41

4 *OsMADS1*基因的功能预测与表达分析 ··································· 42
 4.1 材料 ··· 42

  4.2 方法 ··· 42
  4.3 结果与分析 ··· 44
  4.4 讨论 ··· 49

5 *OsMADS1*基因调控水稻粒型的功能解析 ································ 51
  5.1 材料 ··· 51
  5.2 方法 ··· 51
  5.3 结果与分析 ··· 53
  5.4 讨论 ··· 61

6 *OsMADS1*基因对稻米外观品质和贮藏蛋白的调控功能研究 ··· 64
  6.1 材料 ··· 64
  6.2 方法 ··· 65
  6.3 结果与分析 ··· 67
  6.4 讨论 ··· 78

7 结论与展望 ··· 80

参考文献 ··· 83

附 录 ··· 107
  附录1 扫描电镜观察实验步骤 ··· 107
  附录2 CTAB法提取DNA的步骤 ·· 108
  附录3 用于*OsMADS1*^{Olr}精细定位的SSR标记和InDel引物 ········· 109
  附录4 扩增水稻品种中包括*OsMADS1*第一外显子在内的片段
     引物 ··· 110
  附录5 cDNA链合成的实验步骤 ·· 110
  附录6 qRT-PCR引物 ··· 111
  附录7 构建载体的相关引物 ·· 112
  附录8 扩增*OsMADS1*和*OsMADS1*^{Olr} cDNA的RT-PCR引物 ······ 113

1 绪论

1.1 水稻粒型的调控研究进展

1.1.1 水稻粒型的遗传概况

水稻粒型一般由外部颖壳形状和内部糙米灌浆动态决定。控制外部颖壳形状的遗传物质来源于母本植株，而内部糙米由种皮、胚和胚乳构成，控制种皮的遗传物质来源于母本组织，胚和胚乳的部分遗传物质和大部分营养供应由母本组织提供，故控制内部糙米的遗传物质也受母本植株影响。对水稻粒型的遗传效应解析发现，谷粒的长、长宽比和长厚比主要受母本组织的遗传率影响，而谷粒的宽和厚主要受胚乳的遗传率影响。目前多数研究者认为水稻粒型主要受母本植株的基因调控。石春海等（2003）研究发现，水稻糙米的长和宽同时受三倍体的胚乳核基因、细胞质基因和二倍体的母本核基因控制，且在遗传总效应中粒长的母本遗传效应占到50%以上，细胞质的占10%左右，表明调控水稻粒长的主效应为母体效应。

研究者发现，水稻谷粒的遗传力很高，受环境条件影响较小（熊振民和孔繁林，1982；符福鸿等，1994）。尽管不同研究者对水稻谷粒的长、宽和厚的广义遗传力和狭义遗传力的遗传比率值的研究结果不同，但总体来说粒长、粒宽和粒厚的遗传力受环境因素影响较小。熊振民和孔繁林（1982）研究发现水稻粒长的广义遗传力达到82.74%，粒宽的达到53.94%，粒厚的达到68.85%，而符福鸿（1994）研究发现水稻粒长和粒宽的广义遗传力均超过90%。总之，水稻粒型是一个由粒长、粒宽及粒厚组成的复合外观性状，它们分别受多基因或微效基因控制。

1.1.2 水稻粒型的调控机制研究进展

水稻粒型的调控网络是一个复杂的遗传调控网络。目前已经报道了许多调控粒型的基因，如表1.1所示。这些已经报道的基因主要通过控制细胞分裂、增殖和伸长来调控粒型，其中涉及G-蛋白信号通路、MAPK（Mitogen-activated protein kinase）信号通路、转录调控因子激活、植物激素通路、泛素—蛋白酶体通路和表观遗传修饰等。

表1.1 水稻中的代表性粒型调控基因

基因	调控性状	功能	参考文献
OsBSK3	谷粒大小	BR信号激酶	Zhang等，2016
GS2	粒长和粒宽	编码生长调节因子OsGRF4，是BR负调控因子，与*GSK2*互作	Hu等，2015
GS5	粒宽和籽粒灌浆	编码丝氨酸羧肽酶，与BAK1互作，参与BR信号	Li等，2011
GS6	粒长和粒宽	GRAS基因家族成员，BR信号基因	Sun等，2013；Tong等，2009
GSK2	谷粒大小	编码与拟南芥BIN2同源的类GSK3/SHAGGY激酶，BR信号负调控因子	Tong等，2012
BRD2	谷粒大小	拟南芥*DIM1/DWF1*同源基因，参与BR生物合成	Hong等，2005
BU1	谷粒大小	编码螺旋—环—螺旋蛋白，BR信号因子	Tanaka等，2009
BRD1	谷粒大小	编码细胞色素P450加氧酶，参与BR生物合成	Hong等，2002；Mori等，2002
D2	谷粒大小	编码细胞色素P450加氧酶，参与BR生物合成	Li等，2013；Hong等，2003
D11	谷粒大小	编码细胞色素P450加氧酶，参与BR生物合成	Tanabe等，2005
D61	谷粒大小	编码BR受体激酶	Yamamuro等，2000
OsBZR1	谷粒大小	编码BR信号因子	Bai等，2007
OsLAC	谷粒大小	编码漆酶蛋白，调控BR信号	Zhang等，2013
OsMAPK6	谷粒大小	编码有丝分裂激活的蛋白激酶，调控细胞增殖以及BR信号和稳态	Liu等，2015
SLG	谷粒大小	编码类BAHD酰基转移酶，调控BR的稳态	Feng等，2016

1 绪论

（续表）

基因	调控性状	功能	参考文献
SMG1	谷粒大小	编码有丝分裂激活的蛋白激酶4，可能作为MAPK通路和BR间连接因子	Duan等，2014
TUD1	粒长	编码U-box家族的E3泛素连接酶，参与BR应答	Hu等，2013
XIAO	谷粒大小	编码LRR激酶，调控BR信号传递、细胞动态平衡与细胞周期	Jiang等，2012
RAV6	谷粒大小	编码B3DNA结合结构域蛋白，介导BR稳态，受表观遗传修饰调控	Zhang等，2015
SG1	粒长	编码未知蛋白，与BR相关	Nakagawa等，2012
OsARF19	粒重	编码生长素响应因子	Zhang等，2015
BG1	谷粒大小	参与调节生长素的转运	Liu等，2015
RGB1	谷粒大小	编码G蛋白β亚基，正向调控细胞增殖	Zhang等，2015；Utsunomiya等，2011
GS3	粒长和粒宽	编码G蛋白γ亚基，与OsMADS1互作，调控下游靶基因表达	Mao等，2010；Fan等，2006
DEP1	谷粒大小	编码G蛋白γ亚基，与OsMADS1互作，调控下游靶基因表达	Huang等，2009
BG2	谷粒大小	编码细胞色素P450加氧酶，促进细胞增殖	Xu等，2015；Yang等，2013
OsPPKL1	粒长和籽粒灌浆	编码蛋白磷酸酶，调控细胞周期蛋白T1; 3	Hu等，2012；Qi等，2012；Zhang等，2012
OsPPKL3	粒长	编码含有Kelch重复域的蛋白磷酸酶	Zhang等，2012
LTS1	谷粒大小	编码烟酸磷酸核糖转移酶，影响烟酰胺的含量	Wu等，2016
GW6a	粒宽和籽粒灌浆	编码组蛋白乙酰转移酶，增加细胞数和加速灌浆速率，增大颖壳	Song等，2015
OsCYP51G3	粒长	编码钝叶醇14α-脱甲基酶	Xia等，2015
OsPPKL2	粒长	编码含有Kelch重复域的蛋白磷酸酶	Zhang等，2012
TGW6	谷粒大小	编码IAA-葡萄糖水解酶	Ishimaru等，2013
WTG1	谷粒大小和粒重	编码具有去泛素化酶活性的蛋白酶	Huang等，2017
APG	粒长	编码bHLH蛋白，PGL1拮抗因子	Heang等，2012

（续表）

基因	调控性状	功能	参考文献
GW7	粒长	编码TONNEAU1募集基序蛋白	Wang等，2015；Zhou等，2015
FUWA	谷粒大小	编码NHL结构域蛋白，限制细胞过度分裂	Chen等，2015
Flo2	谷粒大小	编码含TPR结构域蛋白	She等，2010
HGW	粒重	编码泛素相关结构域蛋白，可能直接通过GIF1调控水稻籽粒和质量	Li等，2012
SRS3	粒长	编码驱动蛋白13基因家族成员，影响细胞纵向长度	Kitagawa等，2010
SRS5	谷粒大小	编码微管蛋白	Segami等，2012；Sunohara等，2009
GW8	粒宽	编码含SBP结构域的转录因子，结合*GW7*启动子，抑制其表达	Wang等，2012
An-1	粒长	编码bHLH转录因子，调控细胞分裂	Luo等，2013
GLW7	粒长	编码SPL家族转录因子	Si等，2016
PGL2	粒长	编码非典型不结合DNA的碱性螺旋—环—螺旋蛋白，与APG互作	Heang等，2012
PGL1	粒长	编码非典型不结合DNA的碱性螺旋—环—螺旋蛋白	Heang等，2012
OsFIE1	谷粒大小	编码多梳蛋白抑制复合体类似Esc核心元件，能够参与H3K27me3介导的基因抑制	Zhang等，2012
OsFEI2	谷粒大小	编码具有特异的组蛋白H3甲基转移酶活性，负责组蛋白H3第27位赖氨酸上三甲基化的形成	Li等，2014
GAD1	粒长	编码一个表皮模式因子类蛋白EPFL1，促进细胞分裂	jin等，2016
GDD1	谷粒大小	编码驱动蛋白4家族基因，控制水稻细胞周期进程和细胞壁的属性	Li等，2011
OsGIF1	谷粒大小	GRF互作因子	Che等，2015
SRS1	谷粒大小	编码未知蛋白	Zhu等，2010；Tanabe等，2007

1.1.2.1　G-蛋白复合体调控水稻粒型

G-蛋白复合体调控粒型模型是一种保守的分子信号传递机制，它将信号从跨膜受体传递到下游目标基因，主要由$G_α$、$G_β$和$G_γ$亚基组成。*GS3*是水稻中发现的一个调控谷粒大小主效QTL，它通过编码G-蛋白γ亚基调控粒重和粒长，但对粒厚和粒宽的影响较小（Fan等，2006）。*GS3*编码的跨膜蛋白包含3个结构域：一个是之前被称为植物特异性器官大小调节器（Organ size regulation，OSR）的N端GGL结构域，一个是跨膜结构域（TM），另一个是半胱氨酸C端结构域，其C端结构域包括TNFR/NGFR（Tumor necrosis factor receptor/nerve growth factor receptor）和VWFC模块（Von willebrand factor type C）（Sun等，2014；Mao等，2010；Fan等，2006）。目前已鉴定出4个*GS3*的等位基因（*GS3-1*、*GS3-2*、*GS3-3*和*GS3-4*）（Mao等，2010）。*GS3*拥有OSR功能域，可以负调控谷粒大小，实际上，它能激活TNFR/NGFR功能域和VWFC功能域，并能抑制OSR功能域的活性（Takano-Kai等，2013；Mao等，2010；Fan等，2006）。*GS3*通过调节颖壳上表皮细胞数量，影响细胞大小，进而调控粒长（Takano-Kai等，2013）。

近年来还研究报道了一些其他编码与*GS3*结构域类似的水稻G-蛋白基因，例如*DEP1*（*Dense and erect panicle 1*）/*qPE9-1*基因和*RGA1*（G-protein α subunit）基因等也参与水稻粒型调控。*DEP1*是一个主要通过调控枝梗分化、穗型和粒型进而控制水稻产量的主效基因，其也编码G-蛋白γ亚基，含有一个调控细胞增殖的GGL功能域（类似OSR功能域），过表达该基因可以增加每穗谷粒数，抑制粒长和千粒重（Huang等，2009；Zhou等，2009）。除*DEP1*基因以外，*RGA1*基因在调控谷粒大小的不同信号通路中也起着重要作用（Urano等，2013；Fujisawa等，1999；Ashikari等，1999），与*GS3*和*DEP1*负调控谷粒大小相反（Mao等，2010；Fan等，2006），已有研究发现*RGA1*和*RGB1*正调控谷粒大小（Utsunomiya等，2011）。*qLGY3*（一个控制水稻产量的QTL）调控基因*OsMADS1*编码一个含有MADS功能域，其为转录调控因子，能与G-蛋白α β亚基共同形成异源多聚体，通过调控其下游靶基因的表达来控制水稻粒型。OsMADS1^{lgy3}是OsMADS1的一个突变型蛋白，其突变导致水稻表现出较细长的谷粒，并最终提高水稻品质和产量。

该研究还发现OsMADS1^{lgy3}能与GS3、DEP1互作，形成复合体共同激活下游靶基因表达（Liu等，2018）。因此，将*OsMADS1*^{lgy3}、*dep1-1*和*gs3*基因结合起来进行聚合分子育种将是提高水稻产量和品质的有效策略之一（Liu等，2018）。此外，*GS7*和*GS3*也被报道共同参与调控水稻粒长（Shao等，2012）。进一步鉴定出水稻G-蛋白信号途径的重要调控因子和下游靶基因，将有助于解析与阐明水稻粒型的遗传与分子调控机制，并将有助于水稻分子育种与品种遗传改良。

1.1.2.2 MAPK信号通路调控水稻粒型

MAPK级联信号是一个高度保守的信号模型，主要参与调控植物细胞增殖到细胞死亡的一系列信号传导途径，例如激素信号转导，激素的合成和各种胁迫应答反应（Azizi等，2016；Tena等，2001）。MAPK激酶机制包括3类激酶，即MAPK、MAPK激酶（MAPKK）和MAPKK激酶（MAPKKK），这些蛋白及其相关的磷酸酶通过蛋白磷酸化和去磷酸化在信号转导中起着关键作用（Taj等，2010）。通过*smg1*（*small grain1*）突变体克隆到*SMG1*基因编码一个OsMKK4激酶（Mitogen-activated protein kinase 4），正调控粒长（Xu等，2018）。OsMKK4/SMG1蛋白与植物先天免疫有关（Azizi等，2016），并且其也影响穗形和谷粒大小（Duan等，2014）。段朋根等（2014）研究发现用高浓度的油菜素内酯处理*smg1*突变体，其中*OsBRI1*、*OsGSK2*、*OsBZR1*、*BU1*和*DLT*等BR相关基因表达下调。因此，*OsMKK4/SMG1*在调控谷粒大小中起着重要作用，并且MAPK信号途径与BRs信号途径在调控谷粒大小中可能存在联系（Duan等，2014）。在水稻植株中抑制*OsMKKK10*基因的表达，所获得的转基因植株表现出半矮化、粒长缩短和千粒重降低的表型，并且OsMKKK10-OsMKK4-OsMAPK6复合蛋白可以正调控谷粒大小和粒重（Xu等，2018）。研究还发现，*GSN1*（*Grain size and number 1*）是OsMKKK10-OsMKK4-OsMAPK6复合蛋白的负调控因子，其编码一个调控水稻穗型的OsMKP1蛋白激酶，该基因下调表达可以使植株的每穗粒数减少、谷粒变大。此外，GSN1蛋白通过去磷酸化抑制OsMKP6蛋白激酶。因此，GSN1-OsMKK10-OsMKK4-OsMAPK6复合物通过介导局部细胞增殖和细胞分化，协同调控水稻每穗粒数与谷粒大小

（Xu等，2018）。

此外，*qTGW3*编码GLYCOGEN SYNTHASE KINASE3/SHAGGY-like家族中的OsSK41/OsGSK5蛋白，参与调控谷粒大小和粒重（Guo等，2018）。该蛋白还能促使OsARF4（Auxin response factor 4）磷酸化；在水稻原生质体中共表达OsSK41/OsGSK5和OsARF4，可以引起OsARF4积累。OsARF4负调控谷粒大小，在近等基因系（NIL-tgw3）中通过靶向基因编辑或QTL聚合使OsARF4功能缺失，则导致水稻谷粒变大（Hu等，2018）。当OsSK41/OsGSK5和OsARF4同时发挥功能时可能会抑制水稻谷粒发育过程中生长素相关基因及其下游基因的表达（Hu等，2018）。

尽管已经发现MAPK信号通路及其在水稻种子发育调控中的重要作用，但仍需要深入研究包括MAPK信号通路与BR信号或其他激素调节通路之间的未知关系。

1.1.2.3 植物激素调控水稻粒型

植物激素是一大类调控水稻粒型的重要信号分子（Kim等，2006）。油菜素内酯（Brassinosteroids，BRs）、赤霉素（Gibberellins，GAs）、细胞分裂素（Cytokinins，CKs）和生长素（Auxins，Aux）是4类调节水稻粒型的主要激素。

（1）油菜素内酯调控水稻粒型。BRs在植物不同的生长发育过程中起着重要的调控作用，如细胞伸长和分裂、细胞抗逆能力的增强等（Haubrick等，2006）。BRs也通过影响其响应基因的表达来调控谷粒灌浆和大小，进而调控水稻产量（Che等，2015；Wu等，2008；Sakamoto等，2006），3个QTL *GS5*、*qGL3/qGL3.1*和*qSW5/GW5*可能与水稻BR信号传导有关（Li等，2016）。

GS5（*Grain size 5*）能够竞争性抑制BRI1-7相关受体激酶（OSBAK1-7）与OsMSBP1之间的互作（Xu等，2015），表明*GS5*可能影响BR信号。*GS5*是一个已经被鉴定出的正调控粒宽、谷粒充实度和粒重的数量性状基因，其通过调控细胞伸长来调控水稻外稃和内稃的发育，并且通过促进细胞分裂来调控谷粒大小。*GS5*编码一个丝氨酸羧肽酶，其启动子区域存在两个关键SNPs，通过这两个关键SNPs能够诱导水稻幼穗中的*GS5*表达异常，从而导

致水稻植株出现异常谷粒（Xu等，2015）。

另一个显著影响粒型（粒长、粒宽和粒厚）的主要QTL为 *qGL3/qGL3.1*（*Grain length 3*）（Qi等，2012），其编码一个属于蛋白磷酸酶PPKL家族的OsPPKL1磷酸酶，通过调控细胞周期蛋白T1;3控制谷粒大小和产量。*qGL3/qGL3.1*编码的OsPPKL1磷酸酶能直接将底物T1;3去磷酸化，在水稻中后者表达上调会导致谷粒变长（Hu等，2012；Zhang等，2012）。OsPPKL1磷酸酶可以促进OsGSK3蛋白去磷酸化而抑制BR信号传导（Gao等，2019）。

*qSW5/GW5*基因主要影响水稻粒重和粒宽，其编码蛋白定位于细胞膜上，并与OsGSK2（Glycogen synthase kinase 2）相互作用，通过抑制OsGSK2的激酶活性，导致细胞核内非磷酸化OsBZR1（Brassinazole resistant 1）和DLT（Dwarf and low-tillering）蛋白水平升高，从而通过调控一些BR应答基因的表达来调控植物的生长发育（Liu等，2017）。最近，在*qSW5/GW5*基因座上又鉴定出一个调控谷粒大小的新基因*GSE5*，在水稻中沉默该基因，转基因植物出现颖壳横向细胞数目增殖、谷粒粒宽变大的表型（Duan等，2017）。研究还发现*GW5*的一个同源基因*GW5-Like*（*GW5L*）能够负调控谷粒大小，其编码蛋白定位于质膜上，功能与*GW5*类似。另外，GW5L蛋白能够通过抑制GSK2的磷酸化活性，正调控BR信号（Tian等，2018）。

D11（*Dwarf 11*）基因编码一个细胞色素P450蛋白（CYP724B1），通过调控BR生物合成途径，进而正调控水稻粒型（Tanabe等，2005）。最近，*D11*的一个新等位基因*NBG4*（*Notched Belly Grain 4*）被鉴定出来，其也通过调控BR生物合成通路调控粒型（Tong等，2018）。

另外研究发现水稻*ltbsg1*突变体的谷粒粒长较短，在该突变体幼苗中的内源BR终产物含量极低，而当添加外源BR时其幼苗生长发育状态得到改善，*LTBSG1*基因敲除转基因株系表现出与*ltbsg1*突变体类似的表型缺陷，表明*LTBSG1*对水稻粒长具有重要的调控作用（Qin等，2018）。

已有研究报道*OsGSK2*基因在水稻中负调控BR信号，能够与GS2互作并抑制其表达，这表明BR信号可能是GS2粒型调控网络中的重要组成部分（Che等，2015）。另外研究还发现*OsGSK2*也能够与*GS9*（*Grain shape* gene on chromosome 9)、BR信号途径中的关键调控基因*OsOFP14*和*OsOFP8*互作,其中*GS9*能够负调控粒长(Zhao等,2018)。

水稻中另一个重要基因*DLT*（*Dwarf and low-tillering*）/*D62*/*GS6*对谷粒大小起负调控作用(Sun等,2013)。*GS6*编码GRAS家族中一个转录因子,可调控BR信号转导和赤霉素(GA)代谢(Tong等,2012;Li等,2010;Tong等,2009)。已经报道的OsGSK2作为一种蛋白激酶,通过直接磷酸化*DLT*/*D62*/*GS6*负调控BR信号。在水稻中过表达*OsGSK2*基因能够使谷粒变小、变圆,与其他BR突变体的表型类似(Tong等,2012)。

(2)赤霉素调控水稻粒型。赤霉素(GAs)是一类参与调控植物多种生长发育过程的重要激素,其在水稻中的主要作用是调控株高、每穗粒数、小穗育性、籽粒灌浆和粒型,进而影响每穗实粒数和千粒重,最终决定水稻产量。源自蜀恢162的*162d*突变体植株表现出植株矮小、籽粒变小、结实率变差且对赤霉素GA3更敏感的表型(吴成和李秀兰,2003)。另一个GA相关突变体*sgd1*(*t*)表现为小粒矮秆,其对应的野生型蛋白SDG1(t)参与GA合成(陈韦韦,2011)。*BC12*/*GDD1*基因编码的蛋白结合到一个GA合成调控基因*KO2*的启动子上,抑制水稻茎秆和颖壳中细胞伸长,使植株产生矮化和谷粒变小的表型(Li等,2011)。因此,赤霉素对水稻种子发育和粒型具有至关重要的调控作用。

(3)细胞分裂素调控水稻粒型。细胞分裂素(CKs)主要产生于植物根分生组织、幼叶、果实和种子等幼嫩的组织部位,能够正调控植物茎尖分生组织(SAM)的细胞分裂和细胞增殖(Azizi等,2015)。在水稻中,*Gn1a*主效QTL基因编码一个OsCKX2蛋白,该蛋白在花序分生组织和花中表达,催化CK降解,通过降低水稻苞原基或枝梗原基或细胞内的CK浓度,对水稻每穗粒数起负调控作用(Ashikari等,2005)。DST^{reg1}突变体中*Gn1a*/*OsCKX2*和其他的*OsCKXs*基因的表达水平都降低,使花序分生组织中CK的含量升高,导致水稻谷粒变大(Li等,2013)。

(4)生长素调控水稻粒型。生长素与其他植物激素一样,调节着植物不同部位与组织器官的生长发育,如茎的分枝、主根的形成与侧根的分化,以及维管系统的分化(Azizi等,2015)。而且,生长素也可以调控包括水稻在内的高等植物的种子或谷粒形状的发育(Liu等,2015)。

BG1（*Big grain 1*）基因编码一个新的膜定位蛋白，其参与水稻生长素的转运。激活*BG1*可以增加水稻小穗颖壳的细胞增殖和扩张（Liu等，2015）。Gnp4/LAX2是一个包含WD40泛素化结构域的环形蛋白，能够通过干扰OsIAA3-OsARF25-OsERF142复合物的功能，影响颖壳纵向细胞扩增进而调节水稻粒长。Gnp4/LAX2还能与OsIAA3互作，抑制OsIAA3和OsARF25之间的互作。在日本晴中过表达*Gnp4/LAX2*能显著增加粒长和粒重（Zhang等，2018）。

　　因此，生长素的运输、信号转导以及生物合成可能是水稻粒型调控途径中的一个重要组成部分。

　　（5）脱落酸调控水稻粒型。脱落酸（ABA）与细胞分裂素和生长素一样，是决定胚乳细胞增殖和扩增的另一种重要激素。ABA正向调控水稻谷粒灌浆过程与谷粒大小（Krishnan等，2003）。水稻植物细胞内的玉米素核苷酸（属于CK）、IAA（属于生长素）和ABA含量与谷粒灌浆和谷粒大小密切相关（Bangerth等，1989；Wobus等，1989）。在水稻整个灌浆过程中，这几种植物激素在饱满谷粒中的含量始终远远高于瘪谷粒中的含量（Yang等，2001；Kato等，1993）。因此，除CK和生长素外，ABA也参与调控水稻谷粒的灌浆与干物质积累，从而影响水稻谷粒大小（Tsukaguchi等，1999；Kato等，1993）。

　　（6）泛素—蛋白酶体途径调控水稻粒型。近几年，由于泛素途径与调控植物种子或谷粒的形状的调控网络存在交叉和协同调控作用而得到高度重视（Brinton等，2018；Zheng等，2015；Li等，2014）。泛素是一个由76个氨基酸组成的保守蛋白，其通过泛素激活酶（E1）、泛素结合酶（E2）和泛素连接酶（E3）这3个酶，以共价键的形式去结合目标蛋白，从而促使目标蛋白通过蛋白酶体而被降解（Ye等，2009；Hershko等，1998）。*GW2*（*Grain width 2*）编码一个环形E3泛素连接酶，当其功能缺失时，水稻颖壳外侧的薄壁细胞数目增多，颖壳体积变大，谷粒胚乳细胞数目不变但细胞体积却变大，最终导致谷粒干物质积累增多，千粒重和产量增加（Song等，2007）。研究还发现，GW2能与EXPLA1互作，通过催化EXPLA1泛素化、促进细胞伸长进而调控谷粒发育（Choi等，2018）。

　　（7）转录调控因子参与调控粒型。转录调控因子作为基因表达的调节因子，包括NAC、锌指蛋白、MYB、Bzip、WRKY、F-box、SPLs、碱性螺旋-环-螺旋（bHLH）和MADS-Box家族等。它们调控植物细胞的一系列反应，如对环境胁迫的应答反应，细胞伸长和增殖等（Chae等，2008；Ramamoorthy等，2008），对水稻粒型也有重要的调控作用。

SPLs家族中有*OsSPL13*和*OsSPL16*基因参与水稻粒型的调控（Si等，2016；Wang等，2015）。*GLW7*（*Grain length and weight on chromosome 7*）基因编码水稻中的OsSPL13蛋白，该蛋白通过正调控颖壳细胞大小从而促进粒长和产量增加。此外，当*GLW7*存在时，能提高细胞内参与细胞壁扩增和细胞生长修饰相关蛋白的丰度。因此OsSPL13通过调节微管和细胞壁通路来调控细胞大小，最终调控水稻粒型（Si等，2016）。另外，*GW8*（*Grain width 8*）编码水稻中的OsSPL16蛋白，其通过促进细胞增殖正调控粒宽和粒重。此外，OsSPL16还能直接结合到*GW7*基因的启动子上调节其表达，后者通过促进颖壳纵向细胞分裂，并抑制横向细胞分裂，从而促使水稻籽粒变得细长（Wang等，2015）。

水稻粒型在一定程度上受外稃和内稃大小的限制，但其分子调控机制尚不清楚。bHLH蛋白家族的基因通过调控水稻内外稃的细胞长度来调控粒型。水稻中PGL1（Positive regulator of grain ength 1）和PGL2属于bHLH蛋白家族成员，二者能与粒型负调控蛋白APG互作，通过抑制其表达而正调控水稻粒长。研究还发现，*PGL1*和*PGL2*转基因过表达株系中，*APG*基因的表达受抑制但粒长正调控基因*GS3*和*SRS3*（*Small and round seed 3*）的表达水平却不受影响（Kitagawa等，2010；Hirokawa等，2008）。此外，也有研究发现*OsbHLH107*及其同源基因*OsPIL11*通过增加颖壳的纵向细胞数目来调控水稻粒型（Yang等，2018）。

另外，核因子Y（NF-Y）家族中一些成员也参与水稻粒型调控。该蛋白家族包括3个亚基，即NF-YA、NF-YB和NF-YC（Nardini等，2013）。过表达*OsNF-YB7*基因导致水稻植株的叶、穗和颖壳表现出异常表型（Zhang等，2013；Thirumurugan等，2008）。OsNF-YB1在调控水稻胚乳发育和谷粒灌浆中发挥着重要作用（Bai等，2016）。抑制*OsNFYC10*的表达能影响颖壳横向细胞数目，导致转基因植株颖壳变窄，其也能影响*GW8*、*GW7*以及细胞周期调控基因（*CYCD4*、*CYCA2.1*、*CYCB2.2*和*E2F2*）的表达（Jia

等，2019）。

（8）表观遗传修饰影响水稻粒型。表观遗传修饰包括DNA甲基化、组蛋白修饰和microRNAs介导的DNA甲基化等。目前已有研究发现*OsSPL14*（Miura等，2010）、*RAV6*（Zhang等，2015）、*OsSET7*（Chu等，2016）、*qWS8/ipa1-2D*（Zhang等，2017）、*OsmiR156*（Jiao等，2010；Miura等，2010）、*OsmiR397*（Zhang等，2013）等基因和microRNAs参与水稻粒型的调控。

揭示水稻粒型的分子调控机制是水稻分子育种者的重要任务之一。虽然目前已经克隆了十几个水稻粒型调控基因，揭示了几条重要的水稻粒型调控途径，但研究者仍然需要利用正向和反向遗传学方法进一步发掘和克隆更多的粒型调控新基因，深入研究这些基因调控水稻粒型的分子机制，结合基因组学、转录组学、蛋白质组学和代谢组学，不断揭示新的水稻粒型调控途径，不断扩充和完善水稻粒型的遗传与分子调控网络。这样才能为水稻粒型分子育种提供理论依据、关键基因和优异材料，促进突破性水稻新品种的培育与创新。

例如包括G-蛋白信号通路、MAPK信号通路、植物激素通路、泛素—蛋白酶体通路、转录调控因子激活和表观遗传修饰等在内的各种途径都是水稻粒型遗传与分子调控网络中的重要组成部分。因此，首先必须通过发掘和克隆这些途径中的重要新基因，研究这些基因的调控功能和解析这些基因的分子调控机制，不断扩充和完善这些途径，然后研究这些途径对水稻粒型的交叉和协同调控作用。

1.2 稻米淀粉和贮藏蛋白的调控研究进展

1.2.1 稻米淀粉和贮藏蛋白概况

淀粉、贮藏蛋白和脂肪是稻米中三大主要成分，其中淀粉含量占种子干重的80%～90%。淀粉分为直链淀粉和支链淀粉，淀粉结构与稻米品质密切相关（Peng等，2016；Bao等，2008）。胚乳（精米）淀粉颗粒的结构和排列与稻米的垩白直接相关，而稻米垩白又是稻米外观品质的重要指标之一。通常用垩白粒率、垩白度和垩白大小的指标来评价垩白程度。

稻米贮藏蛋白占种子干重的8%~10%，是种子萌发的碳和氮的来源，也是人体所需蛋白质的来源之一。贮藏蛋白根据其蛋白溶解性可以分为溶于稀酸或稀碱的谷蛋白、溶于醇类的醇溶蛋白、溶于盐溶液的球蛋白和溶于水的清蛋白，它们分别占贮藏蛋白含量的60%~80%、18%~20%、2%~8%和5%（Shorrosh and Wen，1992；Pan and Reeck，1988；Juliano，1972）。

谷蛋白首先以57kDa的前体经翻译后修饰加工为37~39kDa和22~23kDa两种亚基；醇溶蛋白可以分为10kDa、13kDa和16kDa 3种亚基；球蛋白的主要成分为26kDa亚基和16kDa亚基；清蛋白的分子量多为16kDa（Takaiwa等，1986）。这些贮藏蛋白在水稻中贮存在蛋白体（Protein body，PB）中。在水稻胚乳中有两类蛋白体存在，分别为PB-Ⅰ和PB-Ⅱ（Bechtel and Juliano，1980）。经SDS-PAGE分析发现，PB-Ⅰ中主要为13kDa多肽，而10kDa和16kDa多肽的含量较少。PB-Ⅱ中主要为22~23kDa和37~39kDa多肽。因此，PB-Ⅰ为醇溶蛋白贮存体，PB-Ⅱ为谷蛋白贮存体（Tanaka等，1980）。

1.2.2 稻米淀粉的调控研究概况

稻米淀粉的合成途径相当复杂，需要一系列接连酶促反应才能完成。如图1.1所示，许多酶参与调控稻米淀粉的合成与代谢（Miao等，2017；Thitisaksakul等，2012）。其中，参与调控水稻谷粒淀粉合成的关键酶GBSS（Granule bound starch synthase）有两个异构酶，分别为GBSS-Ⅰ和GBSS-Ⅱ，GBSS-Ⅰ由*Wx*（*Waxy*）基因编码，主要负责长链直链淀粉的合成，调控稻米淀粉中直链淀粉含量（Cai等，2015；Yang等，2014；Zhang等，2013）。SSS（Soluble starch synthase）有8个异构酶，即SS-Ⅰ、SS-Ⅱ（a、b、c）、SS-Ⅲ（a、b）和SS-Ⅳ（a、b），负责调控支链淀粉的合成和延伸（Yang等，2014；Zhang等，2011）。SBE（Starch branching enzyme）和DBE（Starch debranching enzyme）主要负责淀粉侧链的引入和不合适侧链的移除（Kamiya，2017；Stitt and Zeeman，2012）。*SBE-Ⅰ*、*SBE-Ⅱ*（*a*、*b*）和*SBE-Ⅲ*编码SBE对应的4种异构酶。SBE-Ⅰ发生突变或表达下调时对稻米外观品质影响不大，但却可以改善稻米口感并降低稻米糊化温度（Li等，2015；Nakamura等，2010）。DBE包括异淀粉酶（ISA）

和支链淀粉酶（PUL）。*ISA1*、*ISA2*和*ISA3*编码ISA，其中*ISA1*和*ISA2*在稻米支链淀粉合成中起着重要作用，*ISA3*主要负责瞬时淀粉的代谢（Jin等，2017；Kahar等，2016；Silver等，2014）。若PUL发生突变或功能丧失将导致稻米短链支链淀粉的增加（Fujita等，2009）。除以上关键酶外，其他一些基因也参与调控淀粉合成，例如*OsZIP58*、*RSR1*、*FLO2*、*FLO4*、*FLO6*、*FLO7*、*SSG6*、*FSE1*和*OsPK2*（Cai等，2018；Long等，2018；Matsushima等，2016；Zhang等，2016；Peng等，2014；Wang等，2013；Fu and Xue，2010；She等，2010；Kang等，2005）。因此，加强稻米淀粉合成调控相关基因研究，不断挖掘、补充和完善淀粉合成与降解的复杂分子调控网络，有助于为稻米淀粉品质的分子育种提供理论依据，促进稻米淀粉品质性状的分子育种与改良。

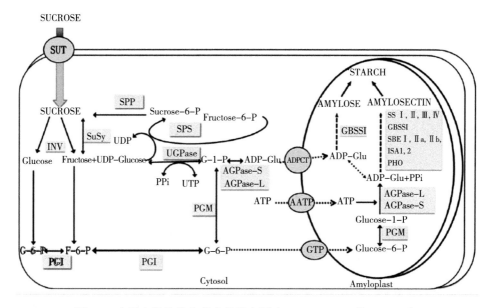

图1.1 水稻中的淀粉合成途径示意图（Thitisaksakul等，2012）

注：SS为淀粉合成酶；GBSS为颗粒结合型淀粉合成酶；SBE为淀粉分支酶；PUL为支链淀粉酶；ISA为异淀粉酶；PHO为淀粉磷酸化酶；AGPase为ADP-葡萄糖焦磷酸化酶；PGM为磷酸葡萄糖变位酶；PGI为磷酸葡萄糖异构酶；INV为转化酶；SuSy为蔗糖合成酶；UGPase为尿苷二磷酸葡萄糖焦磷酸化酶；SPS为蔗糖磷酸合成酶；ADPGT为ADP-葡萄糖转运蛋白；AATP为质体ATP转运器；GTP为葡萄糖-6-磷酸转运体。

1.2.3 稻米贮藏蛋白的调控研究进展

到目前为止，在水稻品种日本晴中已经发现了15个谷蛋白编码基因，它们分为4个亚家族，分别为 *GluA*、*GluB*、*GluC* 和 *GluD*（Kawakatsu等，2008）。其中，*GluA* 亚家族由 *GluA1*、*GluA2*、*GluA3* 和 *GluA4* 组成；*GluB* 亚家族由 *GluB-1a*、*GluB-1b*、*GluB2*、*GluB3*、*GluB4*、*GluB5*、*GluB6* 和 *GluB7* 组成；*GluC* 亚家族由 *GluC1* 和 *GluC2* 组成；而 *GluD* 亚家族只有 *GluD1*。但由于 *GluA4*、*GluB3* 和 *GluC2* 的转录本中存在终止密码子故为假基因。因此，水稻（日本晴）的谷蛋白由12个结构基因编码。

水稻醇溶蛋白所编码的基因分为3个亚家族。其中，编码10kDa亚家族的拷贝4个，分别为 *pro10.1*、*pro10.2*、*pro10.3* 和 *pro10.4*；编码13kDa亚家族的拷贝相对较多，分别为 *pro13a.1*、*pro13a.2*、*pro13a.3*、*pro13a.4*、*pro13a.5*、*pro13a.6*、*pro13b.1*、*pro13b.2*、*pro13b.3*、*pro13b.4*、*pro13b.5*、*pro13b.6*、*pro13b.7*、*pro13b.8*、*pro13b.9*、*pro13b.10* 和 *pro13b.11*；编码16kDa亚家族的拷贝两个，即 *pro16.1* 和 *pro16.2*（Saito等，2012）。因此稻米中醇溶蛋白与谷蛋白类似，由多种亚基因家族编码，且每个醇溶蛋白的亚家族有多个拷贝，可能存在基因冗余效应，导致了水稻谷粒醇溶蛋白相关基因的研究较为滞后。

稻米中的球蛋白和清蛋白主要存在于糊粉层和胚乳中，它们的含量都相对较低。目前克隆到的球蛋白和清蛋白的编码基因很少，只有 *Glb* 基因被成功克隆（Nakase等，1996）。水稻中 *RA16* 和 *RA17* 基因编码清蛋白，属于同一个清蛋白基因家族，这两个基因的序列也高度相似（Peng等，2017）。最近，另一个稻米清蛋白编码基因 *RAG2* 也被克隆。该基因在水稻灌浆过程中特异表达，过表达该基因可以增加水稻谷粒大小、提高稻米贮藏蛋白含量，最终增加产量并提高稻米品质（Zhou等，2017）。

在已经报道并克隆的稻米贮藏蛋白相关的基因中，大多数具有对应的水稻突变体。已有研究报道了与稻米谷蛋白相关的10个突变体，即 *OsRab5a*、*gpa3*（*OsVpe1*）、*esp2*、*glup1*（*esp5*）、*glup2*（*esp6*）、*glup3*（*esp7*）、*glup4*（*esp8*）、*glup5*、*glup6*（*OsVPS9a*）和 *glup7*（Wang等，2010；Ren等，2014）。*gpa1* 是 *OsRab5a* 基因的一个突变体，该基因发生突变，导致稻米中积累57kDa谷蛋白前体，且胚乳表现出粉状。深入研究发现OsRab5a蛋白在将贮藏蛋白运输到PBⅡ蛋白体中发挥着重要作用（Wang等，2010）。GPA3是一个后高尔基体囊泡运输的调控因子，能直接与水稻Rab5a-鸟嘌呤交换因子OsVPS9a相互作用，进而通过OsVPS9a与OsRab5a形成调控复合物，三者协同调控致密囊泡介导的后高尔基体的运输。*GPA3*基因对应的突变体*gpa3*表现出粉状胚乳，且积累大量的谷蛋白前体（Wang等，2009）。

另外一个*esp2*突变体中也积累大量的谷蛋白前体。*esp2*是PDIL1-1（Protein disulfide isomerase 1-1）的结构基因，*PDIL1-1*能调控水稻胚乳淀粉合成和蛋白含量及组分，该基因还可以帮助谷蛋白前体在粗面内质网中积累直至得到将其运输出内质网的信号（Wakasa等，2018；Kim等，2012）。*glup6*突变体表现为胚乳粉质化和57kDa的谷蛋白前体积累，深入分析发现*glup*是*OsVPS9a*基因的一个突变体。OsVPS9a蛋白能与OsRab5a相互作用，协同调节致密囊泡介导的后高尔基体中的贮藏蛋白运输到PBⅡ蛋白体中（Liu等，2013）。小GTP酶OsSar1在水稻中存在4个拷贝（OsSar1a/b/c/d），作为调节包被蛋白复合物Ⅱ（COPⅡ）组装的分子开关，负责将分泌蛋白从内质网运输到高尔基体中。研究发现当同时敲除*OsSar1a/OsSar1b/OsSar1c*基因时，植物表现出干瘪谷粒和粉状胚乳等异常表型，稻米积累谷蛋白前体（Tian等，2013）。

已有研究还发现稻米贮藏蛋白含量调控基因*Bip1*（Binding protein 1）在水稻种子成熟过程中表达量较高，表明其参与种子发育调控过程。*Bip1*基因编码一个重要的分子伴侣蛋白。深入研究发现在水稻中抑制*Bip1*基因可以降低稻米中的贮藏蛋白含量，减少淀粉积累，降低谷粒千粒重（Wakasa等，2018；Wakasa等，2011）。Peng等（2014）研究报道了一个QTL基因*qPC1*，其编码一个假定的氨基酸通透酶OsAAP6，能正调控水稻稻米中蛋白质含量，过表达该基因可以促进谷蛋白合成相关基因的表达从而提高稻米中的贮藏蛋白含量。

因此，在稻米贮藏蛋白编码基因中，对谷蛋白和醇溶蛋白家族基因的研究报道最多，而对球蛋白和清蛋白编码基因的研究报道相对较少。如果编码谷蛋白的单个基因发生突变，通常对成熟稻米中谷蛋白各个亚基并没有显著影响，这表明稻米贮藏蛋白编码基因可能存在功能冗余。

稻米贮藏蛋白的合成涉及大量基因家族的表达调控，包括许多顺式作用元件和反式作用元件。在水稻贮藏蛋白合成相关基因及其家族成员中发现了一些常见的顺式作用元件。如谷蛋白基因家族的*GluA*、*GluB*和*GluD*基因中，存在一些非常保守的顺式作用元件，如ACGT box、prolamin box、GCN4 box和AACA box（Kawakatsu等，2009；Qu等，2008）。在稻米醇溶蛋白编码基因中也发现了一些相对保守的元件，比如与GCN4 box和prolamin box相似的序列（Chen等，2012）。这表明在水稻稻米贮藏蛋白合成过程中，水稻贮藏蛋白合成编码基因及其基因家族间可能存在类似的调控机制。

在水稻中，某些反式作用因子，尤其是转录调控因子也参与贮藏蛋白的合成。例如转录激活因子RISBZ1（Rice basic leucine Zipper factor）和RPBF（Rice prolamin box binding factor）在水稻中可以协同调节多个贮藏蛋白基因（例如*GluB1*、10kDa醇溶蛋白基因、13kDa醇溶蛋白基因、*GluD1*、*GluA1*、*GluA2*、*GluA3*、16kDa醇溶蛋白基因和α-球蛋白基因）的表达，这些基因中的任何一个基因表达下调都可能降低谷粒中贮藏蛋白和淀粉的含量（Bundo等，2014；Kawakatsu等，2009）。作为反式作用因子的RITA-1蛋白和亮氨酸拉链蛋白家族中的其他蛋白（例如RISBZ1、RISBZ2、RISBZ3、RISBZ4和RISBZ5）都能结合到贮藏蛋白合成相关基因启动子的GCN4-Box上，协同调控谷蛋白的合成以及稻米中的谷蛋白含量（Kawakatsu等，2009）。而且，反式作用元件RPBF还可以识别*GluB1*基因启动子上的顺式作用元件（Bundo等，2014；Kawakatsu等，2009）。因此，稻米贮藏蛋白的合成受多个基因家族成员的调控，许多顺式和反式元件也参与其中。这些基因以及其调控元件如何协同调控稻米贮藏蛋白的合成，仍需要进一步深入研究。

1.3 水稻*OsMADS1*基因的研究进展

1.3.1 *OsMADS1*基因调控花发育的研究进展

*OsMADS1*基因属于MADS-Box家族，是一个转录调控因子，早期的研究发现其调控花分生组织的分化和花器官的发育（Chung等，1994）。花分生组织分化和花器官发育对植物生殖发育至关重要，是植物发育生物学、分

子生物学和基因功能研究的重要组成部分。研究者在经典的ABC花发育模型的基础上，提出了改良的ABCDE花发育模型（图1.2）（Ditta等，2004；Pelaz等，2000；Angenent等，1995；Coen and Meyerowitz，1991）。

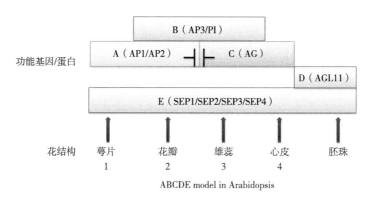

图1.2　拟南芥中的ABCDE花发育调控模型（Angenent等，1995）

水稻为单子叶植物，它的整个花序被称为稻穗（Panicle），其结构单元由小穗（Spikelet）组成。小穗又分小花（Florets）和护颖（Glumes）。护颖属于痕迹（Rudimentary）器官，可以极端退化成两个半月形的突起（Rudimentary glumes）。一般认为一个小穗由3朵小花构成，顶端上的一朵花称为可育花（Fertile floret），下面的两朵花称为不育花（Sterile florets）。不育花进行极端退化后，拥有一枚退化的外稃（Sterile lemma），称为护颖（Glumes），其形状类似锥刺，呈颖片状，没有表皮毛。可育花属于两性花，由一枚外稃（Lemma）、一枚内稃（Palea）、两枚浆片（Lodicules）、6枚雄蕊（Stamens）和1枚雌蕊（Pistil）组成。虽然浆片和内外稃都属于禾本科植物特有的，但认为浆片是双子叶植物花瓣的同源器官（Nagasawa等，2003），内稃是花萼的同源器官，而外稃则是苞叶（Ambrose等，2000）。因此禾本科植物的花器官发育也可以用ABCDE模型来解释。

水稻基因组中有一系列花器官调控基因，它们和拟南芥ABCDE花发育模型中的基因高度同源。所以，至少部分水稻花器官和拟南芥具有一定的相似性，如图1.3所示。通过同源序列的比对和突变体的研究，已经发现了一些水稻花器官特征基因，包括A类基因*RAP1A*、*RAP1B*、*OsMADS18*、*OsMADS20*和*OsMADS22*，B类基因*OsMADS2*、*OsMADS4*（*PI*、*GLO*同系物)和OsMADS16(superwoman1, SPW1), C类基因RAG、DL(YABBY基因家族)、OsMADS3、OsMADS58(拟南芥中AG同源), D类基因OsMADS13、OsMADS21、OsMADS29, E类基因OsMADS1、OsMADS5、OsMADS7、OsMADS8和OsMADS34。这5类基因协同调控花器官的发育(刘坚等,2007;罗琼和朱立煌,2002)。

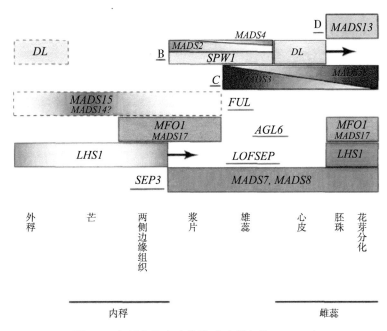

图1.3 水稻花发育遗传模式(刘坚等,2007)

MADS-box家族基因最明显的特征是在N端有大约由60个氨基酸组成的与DNA结合的MADS-box域的存在(Arora等,2007;Theissen等,2000;Schwarz-Sommer and Sommer,1990)。在植物中存在着大量的MADS-box基因,它们主要参与调控植物成花诱导、苞原基(枝梗原基)和花原基分化以及花器官发育等生长发育过程。MADS-box基因的系统发育与植物生殖器官的进化相关联(Ferrario等,2004;Theissen等,2000)。水稻中大量的A/B/C/D类基因被鉴定,它们中除AP2基因外,其余都属于MADS-box家族基因。例如OsMADS1、OsMADS3与OsMADS58(Yamaguchi等,2006)、OsMADS6(Li等,2010;Ohmori等,2009)、OsMADS7与OsMADS8(Cui等,2010)和OsMADS15(Wang等,2010),这些MADS-box基因都调控水稻花器官发育。

在MADS-box家族中，*OsMADS1*基因由于鉴定出多个突变体而被广泛研究。*OsMADS1*的*lhs1*（*leafy hull sterile 1*）、*nsr*（*naked seed rice*）、*NF1019*、*ND2920*、*NE3034*、*NG778*、*osmads1-z*、*ohms1*（*open hull and male sterile 1*）和*cyc15*突变体表现出不同程度的小穗缺陷，包括内外稃伸长不闭合、雄蕊数目减少、雌蕊数目增多、浆片数目增多并出现浆片叶质化的结构等（Zhang等，2018；Hu等，2015；Sun等，2015；Gao等，2010；Chen等，2006；Agrawal等，2005；Jeon等，2000；Chen and Zhang，1980；Kinoshita等，1976）。这些突变体表型暗示了*OsMADS1*调控花分生组织，影响所有花器官的发育。以上研究表明*OsMADS1*在调控花分生组织分化和花器官发育，尤其在内外稃的发育过程中起着关键的调控作用。

依据序列和功能分析，将*OsMADS1*基因归为E类基因（Cui等，2010；Agrawal等，2005）。OsMADS1蛋白除包括MADS-box域外，还含有I域、K域和C末端结构域（Kumpeangkeaw等，2019；Arora等，2007）。深入研究发现*OsMADS34*和*OsMADS55*基因是OsMADS1转录调控因子的下游靶基因；*OsMADS1*与*OsMADS34*协同调控小穗分生组织的分化；*OsMADS1*与*OsMADS55*协同调控花器官分化（Khanday等，2013）。*OsMGH3*可能是*OsMADS1*的间接下游基因（Prasad等，2005）。然而，*OsMADS1*是一个调控花原基分化和花发育信号途径中的信号元件精确转录表达的调节子。到目前为止，*OsMADS1*调控下游靶基因的详细分子机制仍不十分清楚，并且*OsMADS1*与其他调控花器官发育调控基因之间可能存在复杂的作用关系（Khanday等，2016；Hu等，2015）。

1.3.2 *OsMADS1*基因调控谷粒发育的研究进展

最近几年的研究发现*OsMADS1*基因也参与调控水稻谷粒发育。在水稻中过表达*OsMADS1*导致穗型和谷粒变化，例如水稻穗一次枝梗、二次枝梗和每穗小穗数目减少，谷粒变小和护颖变长等（Wang等，2017）。Khanday等（2013）研究发现在*OsMADS1*干扰植株中，调控穗型、粒型、千粒重和产量的*DEP1*基因（Li等，2019；Sun等，2014；Huang等，2009；Zhou等，2009；Kong等，2007；Yan等，2007）的表达量下调了11.72

倍。Hu等（2015）报道在 *osmads1-z* 突变体中 *DEP1* 基因的表达也发生了显著变化。进一步研究发现 *DEP1* 基因可能是OsMADS1的一个下游靶基因（Khanday等，2016）。这些结果表明 *OsMADS1* 可能与其他稻穗和谷粒发育调控基因（如 *DEP1*）一起共同调控稻穗和谷粒的发育。Liu等（2018）报道OsMADS1可以与DEP1、GS3（Grain size 3）通过蛋白互作，共同调控下游靶基因，共同调控水稻粒型发育。Yu等（2018）报道 *OsLG3b* 编码一个C端突变的截断蛋白OsMADS1^{lgy3}，正调控水稻粒长、千粒重和单株产量。Wang等（2019）报道从水稻两系母本广占63-4S中分离出一对粒长、千粒重和产量具有正调控效应的杂合QTL GW3p6，并发现QTL GW3p6所对应的 *OsMADS1*^{GW3p6} 基因与先前报道的 *OsLG3b*^{SLG} 基因和 *OsMADS1*^{lgy3} 基因属于同一个基因型。由于最近的研究才发现 *OsMADS1* 参与水稻粒型发育调控，现在并无直接的遗传学证据证明该基因是否与除 *DEP1* 和 *GS3* 之外的其他谷粒发育调控基因存在直接的互作关系，因此仍需要继续深入挖掘鉴定OsMADS1的互作蛋白及其下游靶基因，并进行分子机制解析，以阐明 *OsMADS1* 基因调控水稻粒型发育的遗传分子机制。

1.4 本研究的目的意义

水稻（*Oryza sativa* L.）不仅是全球一半以上人口的主粮作物，同时也是作物遗传、发育、分子与基因功能等研究的较成熟的模式物种。粒型与稻米品质是决定水稻产量、稻米营养与商品价值的关键因素，受一系列关键基因和环境因素的综合调控。因此，利用特异水稻种质资源，克隆水稻粒型和稻米品质的关键调控基因并进行功能机制解析，是利用这些关键基因进行技术研发、开展种子精准设计育种与基因工程育种，选育高产优质水稻新品种的基础，具有十分重要的科学理论意义和潜在的应用价值。

本研究利用2001年发现的一份"麦稻"特异水稻新材料，运用表型分析、发育生物学、遗传学、分子生物学、生物化学、转基因功能验证和比较转录组学等综合技术手段，在对麦稻粒型和稻米品质等典型表型及其遗传规律进行多年多点鉴定与分析的基础上，克隆并验证了导致麦稻表型的 *OsMADS1*^{Olr} 新等位基因。本研究发现水稻MADS-box转录调控因子基因

OsMADS1不仅对水稻花发育具有重要的调控作用，而且对水稻粒型和稻米品质特别是稻米贮藏蛋白含量具有十分重要的直接调控功能，可能通过调控GW2和GW5等水稻粒型相关基因的表达来控制水稻的粒型，同时通过调控稻米贮藏蛋白合成与转运途径相关基因的表达来控制稻米的贮藏蛋白含量。

同时，利用本研究研发的水稻种子特异性干扰载体pOsOle18-RNAi，不仅初步发现OsMADS1基因对水稻稻米贮藏蛋白含量具有直接调控作用，还得到稻米贮藏蛋白含量极显著提高的稳定转基因株系，具有一定的技术储备与应用价值。因此，本研究不仅揭示了OsMADS1对水稻粒型和稻米贮藏蛋白含量具有十分重要的调控作用，也表明了OsMADS1在水稻粒型与品质分子育种中具有重要的应用潜力与价值。

1.5　研究路线

研究路线如图1.4所示。

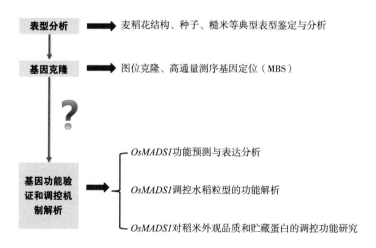

图1.4　研究路线

2 麦稻的典型表型鉴定与分析

水稻的粒型是决定水稻产量和品质的重要因素之一，也是育种者的主要育种目标之一。水稻粒型包含粒长、粒宽以及其长宽比。通过发掘特异粒型的水稻种质资源，鉴定其典型表型，并发掘新的调控粒型基因，深入研究分析其调控功能，进而能为解析水稻粒型分子调控模块与调控网络奠定基础，为水稻粒型分子育种提供理论依据与材料基础。

2.1 材料

水稻品种日本晴（Nipponbare，NIP）、麦稻（Oat-like rice）。

2.2 方法

2.2.1 水稻材料种植

麦稻是从田间发现的一份特异水稻材料，由于缺乏其原始野生型，故以全基因组已测序的粳稻品种日本晴为对照。日本晴和麦稻在夏季种植于中国科学院成都生物研究所户外网室，在冬季种植于室内温室。田间水肥管理同大田一样。

2.2.2 水稻种子性状调查与数据统计

首先从田间收取日本晴和麦稻的成熟种子，然后测量种子的外稃长、内稃长、谷粒宽、谷粒厚和其长宽比及其对应的糙米的长、宽、厚、长宽比等数据，并进行数据统计分析；糙米千粒重的测量统计，取3次重复，每个重复500粒，之后换算成1 000粒糙米的重量；最后用SPSS软件进行数据显著性差异分析。

2.2.3 水稻花结构的解剖观察与石蜡切片观察

取日本晴和麦稻成熟期但尚未开花的小花，在解剖镜下解剖并观察其形态结构后拍照。每份材料调查12株，每株取3穗。同时取日本晴和麦稻成熟期但尚未开花的小花，放置于FAA固定液（5%福尔马林，5%冰醋酸，90%的70%乙醇，购自武汉谷歌生物科技有限公司）中并于4℃冰箱保存。每份材料调查12株，每株取1穗，首先从每穗的上、中、下部各取1朵小花。然后从每穗的上、中、下部各取1朵包含完整外稃和内稃的小花，将外稃和内稃分开固定保存。之后从每穗的上、中、下部各取1朵小花，除去外稃、内稃和雄蕊后，将剩余的雌蕊固定保存。随后将固定保存的样品送至武汉谷歌生物有限公司制作石蜡切片，并将做好的石蜡切片于显微镜（尼康，ECLIPSE E200，中国制造）下观察并拍照。

2.2.4 水稻幼花的扫描电镜观察与解剖镜观察

取日本晴和麦稻幼穗发育代表性时期的样品，并于4%的多聚甲醛固定液中固定保存，随后，一份送至成都里来生物科技有限公司进行扫描电子显微镜（FEI，Inspect，美国制造）观察并拍照，具体步骤参照附录1；另一份在实验室用解剖镜（尼康，SMZ745T，中国制造）进行观察并拍照。

2.2.5 水稻花粉育性与花粉萌发率分析

进行水稻花粉育性分析时，以日本晴为对照，取日本晴和麦稻成熟期但尚未开花的小花进行花粉育性和花粉萌发率分析。每份材料调查12株，每株取1穗，每穗从上、中、下部各取2朵小花，然后将6朵小花放入FAA固定液中固定并于4℃冰箱保存。镜检时依次分别将日本晴和麦稻每个重复的6朵小花的花药用镊子捣碎，并将花粉分别混合在各自的单张载玻片上，用1% I_2-KI染液染色后，将每张片子在10×10倍显微镜（尼康，ECLIPSE E200，中国制造）下观察并拍取3个视野，每个视野保证300粒以上的花粉粒用于花粉育性统计分析。

进行水稻花粉萌发率分析时，以日本晴为对照，分别取日本晴和麦稻未开花的小花。每份材料调查12株，每株取1穗，每穗从上、中、下部各取2朵小花，然后将6朵小花的花药用镊子捣碎，并将花药分别混合在各自的单张载玻片上，滴上配好的花粉培养液培养观察。具体培养方法参照汪勇（2011）的方法。每张片子在10×10倍显微镜（尼康，ECLIPSE E200，中国制造）观察并拍取3个视野，每个视野保证200粒以上花粉用于花粉萌发率统计分析。

2.3 结果与分析

2.3.1 "麦稻"命名的由来

麦稻是一份特异的水稻材料，在成熟期时因其穗部表现出灰白色而很容易被发现和辨识（图2.1a）。麦稻的典型形态特征是外稃和内稃极显著伸长且不闭合，并叶质化（图2.1b），糙米形态各异，成熟谷粒中偶尔出现由双生子房发育形成并融合在一起的两粒糙米，具有麦粒状的"腹沟"（1.15%±0.31%，图2.1c和图2.1g），并且糙米表皮颜色和谷粒外观像燕麦粒（图2.1b和图2.1c），因此将其命名为"麦稻"。

2.3.2 麦稻的典型形态特征

尽管麦稻表现出不同于日本晴的一些重要形态特征，比如株型、株高和每穗总谷粒数（图2.2；表2.1），但谷粒表型是麦稻区别于日本晴和其他正常水稻品种的典型形态特征。

对麦稻和日本晴的粒型进行统计分析，如图2.1中a、b和d所示，麦稻成熟谷粒与日本晴相比，其外稃和内稃极显著伸长。测得麦稻的外稃和内稃的长度分别为（18.73±2.83）mm和（16.98±2.25）mm，而日本晴的分别为（6.91±0.20）mm和（6.76±0.23）mm，麦稻的外稃长和内稃长分别是日本晴的大约2.7倍和2.5倍。t检验表明二者的外稃和内稃长度存在极显著差异（$P<0.001$）。

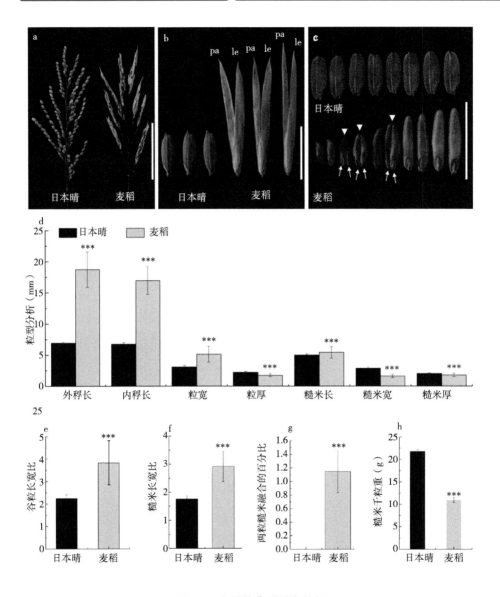

图2.1 麦稻的典型形态特征

注：a为日本晴和麦稻的穗表型。b为日本晴和麦稻的谷粒形状；le表示外稃，pa表示内稃。c为日本晴和麦稻的糙米形态，三角形指融合的两粒糙米，箭头表示融合在一起的两粒糙米的胚。d为日本晴和麦稻的外稃长、内稃长、谷粒宽、谷粒厚、糙米长、糙米宽和糙米厚的统计分析。e为谷粒长宽比。f为糙米长宽比。g为麦稻糙米中两粒糙米融合在一起形成一个糙米所占的比率。h为糙米千粒重。比例尺：a为10cm；b和c为1cm。数据以平均值±SDS表示（d~f中n为140；g和h中n为3），t检验：$^{***}P<0.001$。

2 麦稻的典型表型鉴定与分析

测得麦稻和日本晴的糙米平均长度分别（5.42±0.9）mm和（5.01±0.16）mm，t检验表明麦稻糙米长度显著大于日本晴（图2.1d）。尽管麦稻谷粒的宽[（5.14±1.27）mm]因其颖壳的不闭合而显著大于日本晴[（3.09±0.21）mm]，但麦稻谷粒的厚度[（1.75±0.25）mm]和糙米的宽度[（1.61±0.27）mm]与厚度[（1.79±0.30）mm]却显著低于日本晴[（2.22±0.15）mm、（2.84±0.20）mm和（2.03±0.09）mm]（图2.1d）。但是，麦稻谷粒和糙米的长宽比显著高于日本晴，因此麦稻谷粒和糙米比日本晴更细长（图2.1b、c、e、f）。此外，麦稻糙米的千粒重[（10.96±0.49）mm]约为日本晴[（21.78±0.35）mm]的一半（图2.1h）。综上所述，麦稻谷粒形状发生明显变异，表现为其内外稃极显著伸长且不闭合，糙米形态各异，且糙米中偶然出现两粒糙米融合在一起，形似麦稻的表型。

图2.2 日本晴和麦稻植株成熟期时的形态比较

注：比例尺为10cm。

表2.1　日本晴和麦稻的主要农艺性状

主要农艺性状	日本晴	麦稻	统计样品
株高（cm）	98.49 ± 4.88	80.63 ± 6.74***	60
每株分蘖数（个）	18.32 ± 6.82	16.66 ± 6.71	60
穗长（cm）	20.47 ± 1.26	20.46 ± 1.40	24
每穗谷粒数（粒）	130.04 ± 12.22	63.96 ± 11.05***	24

注：数据以平均值±SDS表示。t检验：***$P<0.001$。

2.3.3　麦稻内外稃的组织细胞学分析

为了探究麦稻外稃和内稃极显著伸长的原因，运用石蜡切片技术对麦稻和日本晴的外稃和内稃进行细胞学观察统计分析。如图2.3所示，在麦稻外稃或内稃纵切面上中间部位的薄壁组织细胞的长度大于日本晴，进一步数据统计显示，麦稻的外稃和内稃纵切面上中间部位的薄壁组织细胞平均长度分别为（55.42 ± 1.28）mm和（54.37 ± 3.92）mm，分别比日本晴的增加了约108%和72%。因此，麦稻外稃和内稃的纵向薄壁细胞长度显著大于日本晴，可能是麦稻外稃和内稃长度极显著大于日本晴的其中一个重要原因。

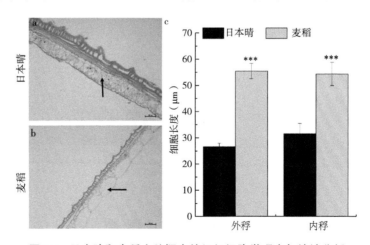

图2.3　日本晴和麦稻小穗颖壳的组织细胞学观察与统计分析

注：a、b为日本晴和麦稻小穗中外稃中间的纵切面；a和b中箭头表示所统计的薄壁细胞。c为日本晴和麦稻小穗外稃和内稃中间纵切面的细胞长度统计。数据以平均值±SDS表示（c中的n为12），t检验：***$P<0.001$。比例尺，a和b中为200μm。

2.3.4　麦稻内外稃形态发育观察分析

为了探究麦稻颖壳不闭合的原因，运用扫描电子显微镜和解剖镜分析了日本晴和麦稻小穗发育代表性时期的形态结构。如图2.4a和图2.4i所示，日本晴和麦稻的外稃或内稃在颖花雌雄蕊原基分化末期（Spikelet stage 8，Sp8）都处于不闭合状态。在Sp8之后的发育时期，日本晴的外稃和内稃开始逐渐生长靠近并最终形成闭合的小穗（图2.4b~h），然而麦稻的外稃和内稃在观察到的各个小穗发育时期始终呈不闭合状态（图2.4j~p）。并且，如图2.4j~p所示，麦稻内稃相对于外稃发育迟缓，并且二者伸长的方向也不完全一致。综合分析得知，是由于麦稻外稃和内稃发育不协调最终导致了麦稻不闭合的颖壳表型。

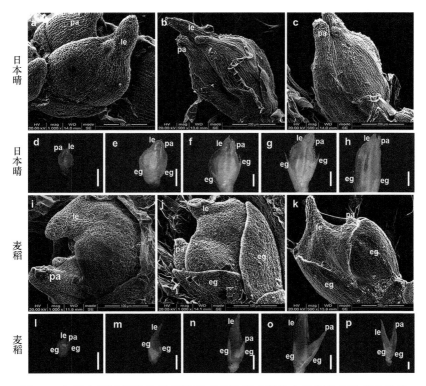

图2.4　扫描电子显微镜和解剖镜观察分析代表性发育阶段的小穗状态结构

注：a和i分别为日本晴和麦稻处于Sp8末期的小穗。b~h为日本晴的小穗。j~p为麦稻的小穗。b~h和j~p都是处于Sp8阶段之后的小穗。eg表示护颖；le表示外稃；pa表示内稃。比例尺，a、i和j中为100μm；b、c和k中为200μm；d~h、L~P中为1mm。

2.3.5 麦稻花器官形态结构变异观察分析

除外稃和内稃显著伸长不闭合、糙米形态各异并且偶然存在两粒糙米融合形似麦粒的现象外，麦稻的另一个典型异常的表型为结实率显著降低。

为了探究麦稻低结实率的原因，分析麦稻小穗花器官数目、形态和结构。如图2.5a~c和图2.5j所示，正常的日本晴小穗具有2个护颖，1个外稃，

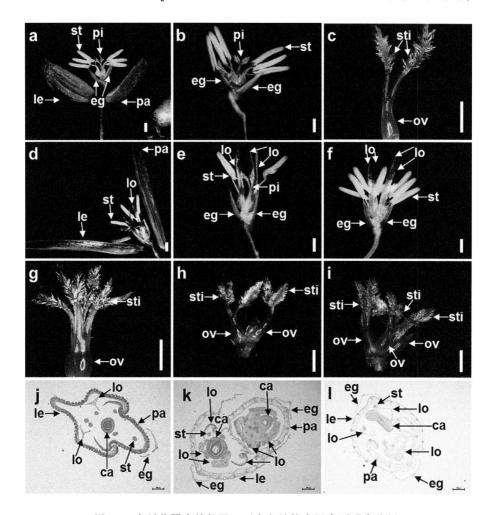

图2.5 麦稻花器官的数目、形态和结构变异表型观察分析

注：a~i为日本晴和麦稻的花器官与小穗表型显微镜观察分析。j~l为日本晴和麦稻的小穗石蜡切片横切图。eg表示护颖；le表示外稃；pa表示内稃；lo表示浆片；st表示雄蕊；pi表示雌蕊；ca表示心皮；sti表示柱头；ov表示子房。比例尺，a~i中为1mm；j~l中为100μm。

1个内稃，1对浆片，6个雄蕊，1个雌蕊；雌蕊由1个子房和2个羽状柱头构成。然而麦稻的小穗在花器官数目、形态和结构方面均发生了不同程度的变异。例如单个小穗中的浆片、雄蕊和雌蕊以及雌蕊中的羽状柱头数目均发生了改变（图2.5d~f、k、l；表2.2）。此外，麦稻的一些花器官还发生了形态变异，例如浆片发生叶质化并显著伸长；多个雌蕊融合在一起，这可能是导致麦稻一个成熟的谷粒中含有两粒糙米的原因（图2.5d~f、h、i、k）。但麦稻的雄蕊在形态上与日本晴比较相似（图2.5a、b、d~f）。此外，石蜡切片观察分析表明麦稻的一些浆片变得肥大，心皮出现了畸形变异（图2.5k、l）。总之，与日本晴相比，麦稻的花器官数目、形态和结构发生了不同程度的变异。这可能不仅妨碍了正常的授粉过程，还影响了配子的育性，进而影响了种子结实率。

表2.2 麦稻花器官数目变异统计分析

花器官	数目	比例（%）
护颖	2	94.44
	3	5.56
外稃和内稃	2	97.22
	3	2.78
浆片	2	8.33
	3	38.89
	4	44.44
	5	5.56
	6	2.78
雄蕊	2	19.44
	3	36.11
	4	30.56
	5	5.56
	6	5.56
	7	2.78

(续表)

花器官	数目	比例（%）
雌蕊	1	22.22
	2	33.33
	3	38.89
	4	5.56
柱头	1	4.88
	2	85.37
	3	7.32
	4	2.44
心皮	1	100.00

注：统计数据来自麦稻12个稻穗的36个成熟小穗，每个稻穗3个小穗。表中各个花器官的数目分别表示单个小穗中的护颖、外稃和内稃、浆片、雄蕊与雌蕊的数目，以及单个雌蕊中柱头与心皮的数目。

2.3.6　麦稻配子体育性与小穗育性观察分析

为了深入探究麦稻低结实率的原因，进一步分析了麦稻的花粉活力和萌发力、胚囊的形态和结构。日本晴和麦稻的花粉经1% I_2-KI染色后统计分析，结果显示日本晴和麦稻的花粉育性分别为90.42% ± 5.58%和87.13% ± 5.58%，t检验分析表明二者没有显著性差异（图2.6a、b和e）。进一步统计分析花粉萌发率发现日本晴和麦稻的花粉萌发率（日本晴和麦稻的花粉萌发率分别为24.77% ± 10.29%和24.27% ± 7.37%）基本一样（图2.6c、d和e）。这表明麦稻的结实率低可能与其花粉育性无关。然而，石蜡切片观察到麦稻的胚囊表现出异常，其不能发育为成熟胚囊腔（图2.6f～i、j）。因此，麦稻的结实率低与其花器官异常和胚囊发育异常有关。

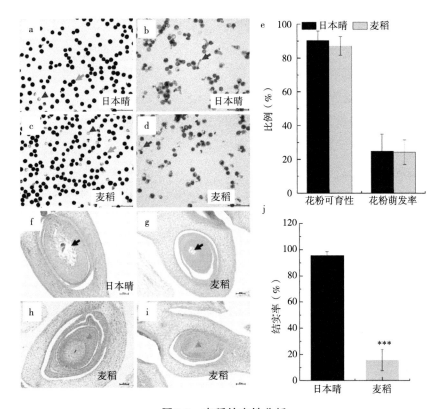

图2.6 麦稻的育性分析

注：a~d为日本晴和麦稻的花粉育性观察分析。a和c为日本晴和麦稻的花粉I_2-KI染色，红色三角形表示败育的花粉粒，绿色箭头表示正常的花粉粒。b和d为日本晴和麦稻花粉离体培养萌发观察分析，蓝色箭头表示萌发的花粉粒。e为日本晴和麦稻的花粉育性和花粉萌发率统计。f~i为日本晴和麦稻成熟胚囊的石蜡切片观察分析，f中绿色箭头表示正常的成熟的胚囊，g中红色箭头表示缩小的胚囊，h和i中橙色的三角形表示未发育成型的胚囊被异常增生的珠心组织所取代。j为日本晴和麦稻的小穗结实率统计分析。数据以平均值±SDS表示（e中n=12；j中n=24）。t检验：***P<0.001。比例尺，a~d中为200μm；f~i中为100μm。

2.4 讨论

本研究中，鉴定了一份花器官和谷粒存在严重缺陷的名为麦稻的特异水稻材料。该麦稻的典型形态特征表现为内外稃极显著伸长、不闭并且叶质化，糙米粒型变异，并且偶尔出现两粒糙米融合形似燕麦粒的表型，与正常水稻品种日本晴存在明显差异。细胞学观察分析发现麦稻内稃和外稃中部的纵向薄壁细胞长度极显著大于日本晴，由此推测麦稻的内外稃极显著伸长部分原因是其纵向薄壁细胞伸长导致的。结合观察到麦稻小穗发育过程中内外稃发育不协调表型，推测这些综合因素最终导致了麦稻成熟谷粒出现内外稃显著伸长且不闭合的表型。

  水稻小穗结实率受多种因素影响，包括花器官孢子体、花粉与胚囊配子体以及花药开裂与授粉过程等。小穗结实率低可能是由花器官数目异常和形态结构变异、花粉和胚囊败育、花药开裂与授粉受阻等多种因素引起，也可能是由生殖期雌雄配子体发育不协调引起，还可能受温度等外界环境因素的影响。已有研究还发现花粉和胚囊的育性对于小穗育性具有同等重要贡献（Song等，2005）。本研究发现麦稻的结实率极显著低于日本晴，并且麦稻的花器官表现出多种变异。进一步分析日本晴与麦稻的花粉活力和花粉萌发率发现，麦稻的花粉育性和花粉萌发率与日本晴并无显著性差异，但麦稻的胚囊发育不正常。因此，可以推测麦稻的低结实率与花器官数目、形态和结构异常以及胚囊发育异常有关。

3 麦稻候选基因 *OsMADS1* 的克隆

随着植物分子生物学、基因组学、比较转录组学和生物信息学的飞速发展，水稻基因克隆技术也得到了很大提高。传统上的图位克隆技术是发掘和克隆目标基因的经典技术方法。此外，基于图位克隆原理同时整合全基因组重测序技术的MBS是一种新的基因定位克隆技术，该技术与图位克隆相比操作更简单，可以快速实现基因定位。本研究中同时利用这两种技术进行麦稻候选基因的定位与克隆，有助于基因定位与克隆结果的互相验证，可以提高实验结果的准确性。

3.1 材料

水稻品种日本晴，麦稻及其构建的F_1群体和F_2群体。

3.2 方法

3.2.1 水稻材料种植

日本晴、麦稻以及由二者配制的F_1群体和F_2群体在夏季种植于四川省德阳市中国科学院成都平原农业生态试验站，在冬季种植于海南陵水水稻试验基地，田间栽培管理同大田一样。

3.2.2 遗传分离群体的构建

以麦稻为母本，以日本晴为父本，将两者进行杂交收获种子后，并种植获得F_1代群体,然后将F_1代进行自交,获得F_2代遗传分离群体。

3.2.3 目标基因的图位克隆

第一,利用已公布的SSR标记和实验室已有的InDel标记,从中筛选出在麦稻和日本晴两亲本间具有多态性的标记引物。第二,从麦稻或日本晴的F_2代遗传分离群体中选取麦稻表型和正常表型的单株各10株,采用CTAB法分别提取DNA(方法参照附录2)。第三,分别构建由10个麦稻表型单株、10个正常表型单株组成的两个DNA混池。第四,用筛选得到的多态性标记在两个混池中进行基因组高通量测序(Bulked segregant analysis,BSA)分析,筛选与目标基因相连锁的分子标记。第五,利用F_2代遗传分离群体中的152个麦稻表型单株,用连锁标记对每个单株进行基因型分析,筛选交换单株,并在两连锁标记区间内侧进一步开发筛选得到多态性分子标记,鉴定交换单株的基因型,初步对麦稻的控制基因进行定位。第六,利用开发筛选得到的初步定位区间及内侧的多态性分子标记,鉴定F_2代遗传分离群体中1 450个麦稻表型单株的基因型,筛选交换单株并鉴定其基因型,利用交换单株的染色体片段情况进一步缩小目标基因的定位区间,最终确定麦稻的目标基因。第七,对精细定位区间内的基因进行生物信息学分析,最终确定麦稻候选基因,并对其进行克隆。新设计和筛选的SSR与InDel标记的引物序列见附录3。

3.2.4 目的基因的MBS分析

第一,分别提取9个日本晴和麦稻单株的DNA,以及F_2代群体中两种分离表型的植株各152个单株的DNA,DNA提取的具体步骤见附录2。第二,以9株日本晴单株混合的DNA作为正常表型亲本混池1,以9株麦稻单株混合的DNA作为麦稻表型亲本混池2,以F_2代群体中152株的日本晴正常表型单株的DNA为正常表型混池1,以F_2代群体中152株的麦稻表型单株的DNA为突变表型混池2,每个单株以等量的DNA混合。第三,利用MBS(Mapping by sequencing)技术进行麦稻候选基因定位的操作,分别利用构建得到的4个混池DNA,并用超声仪将混池随机打断为小片段,电泳回收所需长度

DNA片段进行建库(Takagi等,2013)。制备文库后用测序仪进行双端测序,完成后进行分析。首先对测序后的原始数据Raw data,按照质控标准进行质控分析,得到Clean data,并统计质控结果;之后将Clean data与参考基因组进行比对,比对结果进行格式转化、排序、标记重复,从而得到待分析的比对文件并统计比对结果;然后在比对结果中检测SNP&INDEL,并统计SNP&INDEL数量;进而分析各混合样本全基因组的各SNP位点的基因型频率,绘制连锁图,确定目标基因的定位区间,并对定位区间内的基因进行注释和突变位点分析,确定目标候选基因。

3.3 结果与分析

3.3.1 麦稻表型的遗传分析

为了克隆调控麦稻粒型表型的基因,用麦稻和日本晴构建了遗传分离群体。所有F_1代植株的谷粒都表现出与日本晴类似的正常表型,说明麦稻粒型表型可能受隐性质量性状基因控制。对应的F_2代群体植株粒型性状发生分离,出现类似亲本的两种能够明显区分的表型,即一种与日本晴的正常谷粒表型类似,另一种与麦稻的异常谷粒表型类似。然而统计分析发现F_2代的分离比非常接近1.50,不符合3:1(χ^2=432.56>$\chi^2_{0.05}$=3.84,$P<0.001$)(表3.1)。但是相对由两对隐性质量性状基因控制的16:1分离比,该群体分离比更接近由一对隐性质量性状基因控制的3:1分离比,说明麦稻粒型性状可能是由一对隐性基因控制的质量性状但存在偏分离现象。

表3.1 麦稻表型在麦稻和日本晴F_2群体中的遗传分析

杂交组合	F_1的表型	F_2				
		正常表型的植株数目(个)	麦稻表型的植株数目(个)	总植株数目(个)	$\chi^2_{(3:1)}$	P
麦稻和日本晴	正常表型	2 180	1 450	3 630	432.56	<0.001

注:P值是t检验结果。

3.3.2 麦稻调控基因 *OsMADS1* 的图位克隆

如图3.1所示,经BSA分析,将麦稻调控基因定位于第3染色体的长臂上InDel 3-11和InDel 3-13标记之间。然后参照日本晴和籼稻品种93-11在InDel 3-11和InDel 3-13标记区间内的基因组序列差异,设计和筛选新的多态性InDel标记,并用这些标记对F_2代分离群体中152个麦稻表型单株进行基因型分析,将麦稻调控基因定位于FMM-17和InDel 3-12标记之间的440kb物理区间内。随后进一步在此区间设计和筛选新的多态性标记,并对F_2代分离群体

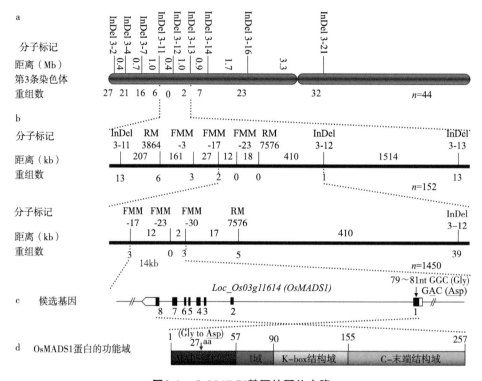

图3.1 *OsMADS1*基因的图位克隆

注:a为*OsMADS1*[Olr]基因在第3染色体长臂上的位置,数字表示邻近标记的物理距离,第3染色体示意图下面的数字表示重组体的数目。b为*OsMADS1*[Olr]基因的精细定位,第3染色体示意图上面和下面的数字分别表示物理距离和交换单株数目。c为*OsMADS1*基因结构示意图,黑色箭头表示*OsMADS1*[Olr]的核苷酸突变位点,黑框代表外显子,直线代表内含子,白框代表非编码区(UTRs),nt表示核苷酸。d为OsMADS1蛋白的结构域示意图,aa表示氨基酸。

中的1 450个麦稻表型单株进行基因型鉴定，筛选交换单株，利用交换单株染色体片段的交换情况，不断缩小候选基因的定位区间，最终将麦稻调控基因精细定位到第3染色体长臂上FMM-17和FMM-30标记之间的约14kb物理区间内。

根据Gramene（http://www.gramene.org/）数据库对日本晴在该14kb物理区间内的基因进行注释分析，发现在该区间内只有OsMADS1（LOC_Os03g11614）一个基因。OsMADS1属于水稻MADS-box基因家族成员。该基因含有8个外显子，其编码的蛋白由MADS域、K域、I域和C末端结构域组成。DNA测序分析发现麦稻中的OsMADS1基因在第一外显子的第80位核苷酸处发生由G到A的突变，导致OsMADS1蛋白的第27位氨基酸由甘氨酸（Gly）突变为天冬氨酸（Asp）。目前为止，在水稻中已经报道了有关OsMADS1的等位突变体表现出异常小穗表型（Zhang等，2018；Sun等，2015；Hu等，2015；Gao等，2010；Chen等，2006；Agrawal等，2005；Jeon等，2000；Chen，1980；Kinoshita等，1977）。与从已知OsMADS1等位突变体中分离克隆的OsMADS1等位基因比对分析发现，麦稻中的OsMADS1^{Olr}基因是OsMADS1的一个新等位基因，命名为OsMADS1^{Olr}。

3.3.3 麦稻调控基因OsMADS1的MBS验证分析

为了快速定位并克隆麦稻的调控基因，在使用图位克隆技术的同时还使用了MBS技术。首先以平均92%的Illumina读取率与参考基因组日本晴进行比对，分析SNP位点及其等位基因频率。日本晴与麦稻的基因组之间存在5 275个SNPs。如图3.2所示，在麦稻表型单株DNA混池基因组的第3染色体长臂上的2.2Mb区域内，出现了一个麦稻等位基因SNP-index频率接近1.0的高峰，而在日本晴表型单株DNA混池的染色体对应位点，麦稻等位基因SNP-index频率约为0.42。因此此处的麦稻等位基因△SNP-index频率约为0.58，接近目标基因位点△SNP-index频率约为0.67的理论值。此区间内的基因分析发现有45个基因发生突变，并导致了氨基酸变化。进一步深入分析这些候选基因后发现其中OsMADS1（Os03g215400）基因与花原基分化和花发育有关。并且该结果与图位克隆结果相一致。这表明OsMADS1^{Olr}可能是导致麦稻表型的候选基因。

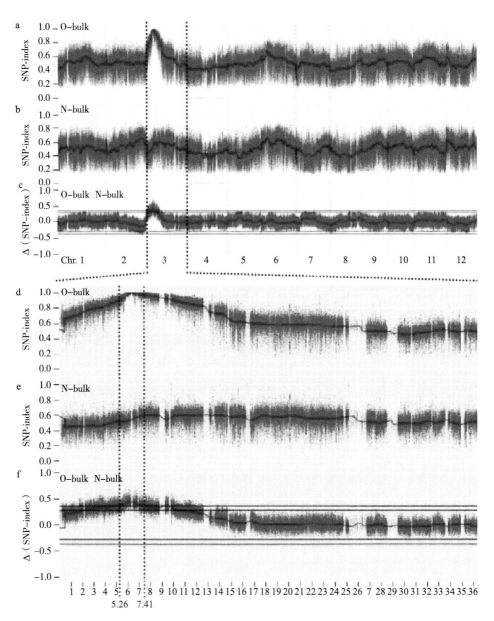

图3.2 麦稻调控基因的MBS分析

注：a为突变子代池的SNP-index在水稻12条染色体上分布图。b为野生子代池的SNP-index在水稻12条染色体上分布图。c为突变子代池和野生子代池之间的△SNP-index在水稻12条染色体上分布图。d为突变子代池的SNP-index在水稻第3染色体上分布图。e为野生子代池的SNP-index在水稻第3染色体上分布图。f为突变子代池和野生子代池之间的△SNP-index在水稻第3染色体上分布图。

3.4 讨论

图位克隆和MBS分析结果都表明，麦稻中的$OsMADS1^{Olr}$编码区发生了一个碱基突变。已有研究报道了在$OsMADS1$基因不同位置发生突变的一些等位突变体，其中lhs1和nsr突变体除含有麦稻$OsMADS1^{Olr}$的唯一突变位点外，还包含了$OsMADS1$其他位置的突变位点（Kinoshita等，1976；Chen and Zhang，1980；Jeon等，2000；Chen等，2006）。然而，其他$OsMADS1$等位突变体或水稻材料，例如NF1019、ND2920、NE3043和NG778（Agrawal等，2005），osmads1-z（Gao等，2010；Hu，2015），ohms1（Sun等，2015），cyc15（Zhang等，2018），SLG-1（Yu等，2018），L-204（Liu等，2018）和Guang-Liang-You 676（Wang等，2019）都没有包含麦稻$OsMADS1^{Olr}$的唯一突变位点。因此，麦稻携带的$OsMADS1^{Olr}$是$OsMADS1$的一个新等位基因。麦稻$OsMADS1^{Olr}$中的突变位点导致其编码蛋白的MADS结构域氨基酸发生突变，而有些$OsMADS1$等位基因突变位点导致其编码蛋白的K域或C末端结构域氨基酸发生突变，有的$OsMADS1$等位基因突变位点产生的突变氨基酸则分布在编码蛋白的几个结构域中。

但这些对应的$OsMADS1$突变体或水稻材料的粒型根据表型和在育种及生产上的利用价值，却可分成两种截然不同的类型，一类表现为花器官与育性正常、粒长增加、粒型更修长，有的单株产量增加，例如SLG-1（Yu等，2018）和L-204（Liu等，2018）；而另一类却由于花器官异常，导致结实率极低甚至不结实，产量极低甚至无产量，例如lhs1（Chen等，2006；Jeon等，2000；Chen and Zhang，1980；Kinoshita等，1976），nsr（Chen等，2006），NF1019、ND2920、NE3043和NG778（Agrawal等，2005），osmads1-z（Hu等，2015；Gao等，2010），ohms1（Sun等，2015），cyc15（Zhang等，2018）和Guang-Liang-You 676（Wang等，2019）。麦稻属于第二类，同是$OsMADS1$的不同等位基因材料，为什么这两类材料在表型上有如此大的差异？并且麦稻$OsMADS1^{Olr}$仅一个碱基发生突变，但麦稻却表现出与$OsMADS1$发生多个碱基突变的材料相似的表型，例如lhs1和nsr等。结合$OsMADS1$的研究进展猜测，第二类材料可能是由于其调控基因$OsMADS1$的突变导致了其编码的蛋白不能结合相应靶基因或结合能力变弱，导致水稻花器官发生变异，植株表现结实率低下甚至不结实等表型。

4 *OsMADS1*基因的功能预测与表达分析

麦稻的花器官和谷粒表现出异常表型，而麦稻*OsMADS1*^{Olr}等位基因仅一个碱基发生突变。为了进一步研究麦稻*OsMADS1*^{Olr}中的这个唯一突变位点是否与其表型存在连锁关系，该突变位点对应的核苷酸是否保守以及该基因是否仍然表达问题，本章围绕这些问题分析预测*OsMADS1*^{Olr}和*OsMADS1*基因的功能以及二者的表达情况。

4.1 材料

日本晴、麦稻、蜀恢527、93-11、Kitaake、冈46B、中恢8006、桂朝2号、特青、LAI YIP ZIM、Donjin、Hwayong、Rice Department 29、Laorentou、转基因p*OsMADS1*::*GUS*水稻植株。

4.2 方法

4.2.1 *OsMADS1*基因突变位点与表型关联性分析

从田间分别采取日本晴、麦稻、蜀恢527、93-11、Kitaake、冈46B、中恢8006、桂朝2号、特青、LAI YIP ZIM、Donjin、Hwayong、Rice Department 29和Laorentou的水稻叶片，于-80℃冰箱保存。利用相关引物，引物序列见附录4，分别扩增以上水稻品种基因组中*OsMADS1*基因的第一外显子序列，并送至北京擎科生物科技股份有限公司成都分公司测序，测序序列用ApE软件进行比对分析。

4.2.2 OsMADS1^{Olr}蛋白突变位点处氨基酸的保守性分析

从植物转录因子数据库（Plant TFDB）网页上下载水稻MADS-box家族成员的74个转录因子的蛋白质序列，以麦稻中OsMADS1^{Olr}蛋白的MADS-box结构域序列为参照，运用DANNAM 5.0软件将74个转录因子的MADS-box结构域的氨基酸序列与OsMADS1^{Olr}进行比对。

4.2.3 *OsMADS1*基因的qRT-PCR表达谱分析

从田间分别取日本晴和麦稻的穗（包括花发育）发育和种子发育样品于-80℃保存。选用Plant Total RNA Isolation Kit Plus（购自成都福际生物技术有限公司）和RNAprep Pure多糖多酚植物总RNA提取试剂盒［购自天根生化科技（北京）有限公司］分别提取所取的穗（包括花发育）发育和种子发育样品的RNA，并用TransScript All-in-One First-Strand cDNA Synthesis SuperMix for qPCR（One-Step gDNA Removal）（购自北京全式金生物技术有限公司）将样品的RNA反转录为cDNA，具体方法见附录5。随后使用TransStart Tip Green qPCR SuperMix（购自北京全式金生物技术有限公司）在CFX Connect^{TM} Real-Time PCR仪器（购置美国Bio-Rad公司）上进行反转录实时荧光定量PCR（qRT-PCR）分析*OsMADS1*基因的相对表达量。以水稻*OsActin*基因为内参，数据统计采用$2^{-\triangle\triangle CT}$方法处理数据，所涉及的引物见附录6。

4.2.4 *OsMADS1*基因的组织特异性表达分析

构建GUS表达载体：采用CTAB法提取日本晴的DNA，具体方法参照附录2。设计相关引物以所提取的DNA为模板，利用设计的*OsMADS1*启动子PCR扩增引物，扩增出*OsMADS1*启动子ATG前2 147bp序列，所用引物见附录7。将扩增的*OsMADS1*启动子序列经BamHI和NcoI双酶切后插入pCAMBIAI1305.1载体中，形成新的重组载体，即为p*OsMADS1*::*GUS*。

遗传转化：将上述载体质粒送至百格基因科技（江苏）有限公司，利用农杆菌介导法侵染水稻成熟胚愈伤组织，获得相应的转基因水稻。

取p*OsMADS1*::*GUS*转基因植株种子发育代表性时期的样品，放入GUS

染液中。避光抽真空10min后，放置于37℃恒温培养箱中避光染色8h。倒去染液后加入75%酒精进行脱水处理，直至组织脱至无色后，于解剖镜（尼康，SMZ745T，中国制造）下观察并拍照。

GUS染液配方如下：

母液：50mmol/L Na$_3$PO$_4$缓冲液（pH值7.0）；

50mmol/L 铁氰化钾；

10mmol/L EDTA；

0.5mmol/L 亚铁氰化钾。

10mL GUS染色液配方：

4mL Na$_3$PO$_4$缓冲液（pH值7.0）母液；

1mL亚铁氰化钾母液；

1mL EDTA母液；

0.1mL铁氰化钾母液；

0.01g X-Gluc（溶于0.1mL DMF）；

10μL Triton-X 100；

4mL H$_2$O。

4.3 结果与分析

4.3.1 *OsMADS1*基因突变位点与麦稻表型的关联性分析

为了探究*OsMADS1*^{Olr}突变位点是否与麦稻表型存在关联性，首先测序比对分析麦稻和包括粳稻日本晴与籼稻93-11在内的13个粒型正常的代表性水稻品种或材料的*OsMADS1*^{Olr}或*OsMADS1*基因的第1外显子序列，结果发现只有麦稻包含*OsMADS1*^{Olr}突变位点，而其他粒型正常的水稻品种或材料都是*OsMADS1*野生型基因型（图4.1）。这个结果表明*OsMADS1*^{Olr}突变位点与麦稻的异常谷粒表型具有相关性，进一步说明可能是*OsMADS1*^{Olr}中的突变位点导致了麦稻表型。

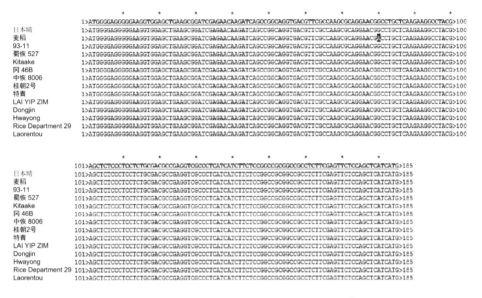

图4.1　麦稻和粒型正常的代表性水稻品种或材料的$OsMADS1^{Olr}$或$OsMADS1$基因的第1外显子序列比对分析

注：红色碱基表示麦稻中等位基因$OsMADS1^{Olr}$的第1外显子中突变的碱基。

4.3.2　$OsMADS1^{Olr}$蛋白突变位点处的氨基酸保守性分析

已有研究表明OsMADS1蛋白的MADS-box结构域是其与下游靶基因结合的必备结构域（Arora等，2007）。为了探究$OsMADS1^{Olr}$蛋白突变位点处的氨基酸在水稻MADS-box蛋白家族成员中是否保守，从植物转录因子数据库Plant TFDB网页中搜索下载了水稻MADS-box家族中74个成员的蛋白序列，并进行了MADS-box结构域的氨基酸序列比对分析。结果如图4.2所示，$OsMADS1^{Olr}$突变位点处的野生型氨基酸——甘氨酸（Gly）（即图4.2中▼所示位点）在水稻MADS-box蛋白家族成员中高度保守。因此，麦稻异常粒型可能是由于其$OsMADS1^{Olr}$基因突变导致编码的$OsMADS1^{Olr}$蛋白MADS-box结构域中野生型保守氨基酸——甘氨酸突变为天冬氨酸引起的。

4.3.3　$OsMADS1$与$OsMADS1^{Olr}$基因的表达谱及$OsMADS1$的组织特异性表达

已有研究发现$OsMADS1$基因主要在水稻花序、小穗和种子发育阶段表

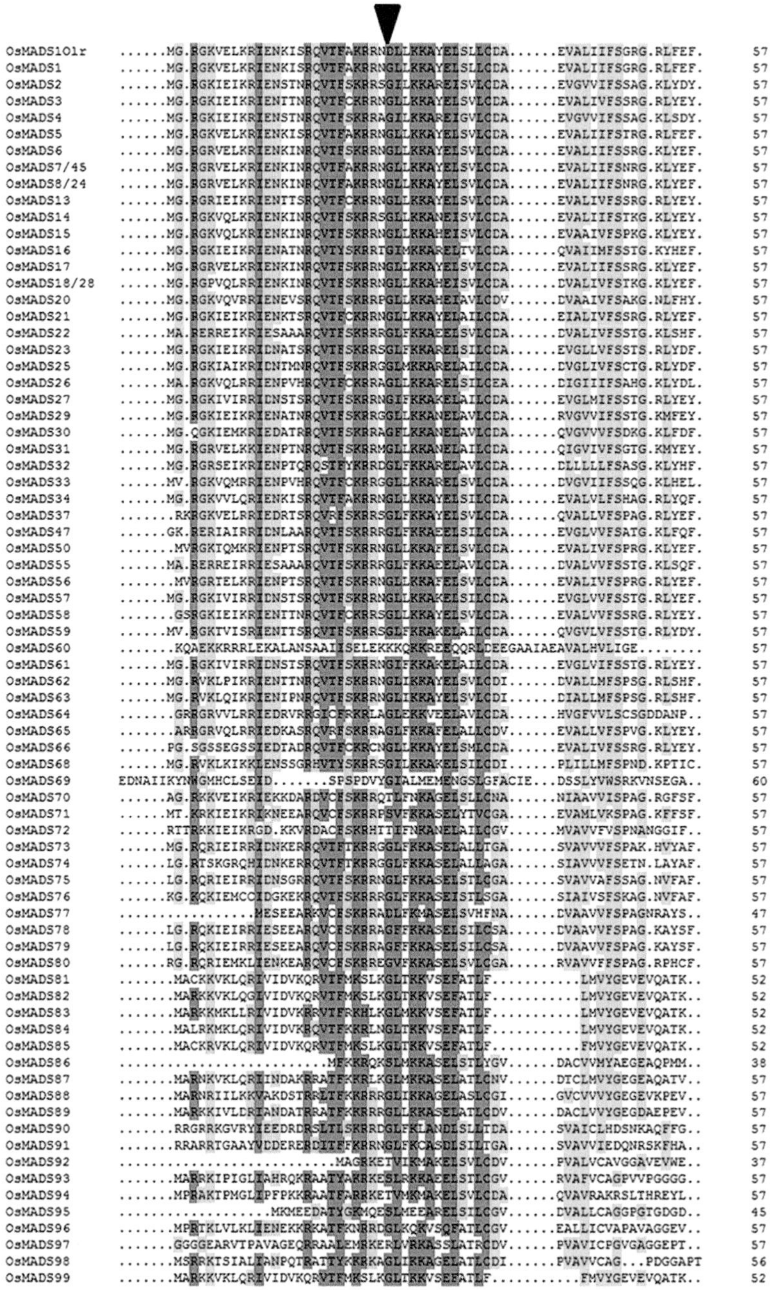

```
OsMADS1Olr      .....MG.RGKVELKRIENKISRQVTFAKRNDLLKRAYELSLLCDA.....EVALIIFSGRG.RLFEF.   57
OsMADS1         .....MG.RGKVELKRIENKISRQVTFAKRRNGLLKRAYELSLLCDA.....EVALIIFSGRG.RLFEF.   57
OsMADS2         .....MG.RGKIEIKRIENSTNRQVTFCKRRSGILKRAREISVLCDA.....EVGVVIFSSSG.KLYDY.   57
OsMADS3         .....MG.RGKIEIKRIENTTNRQVTFCKRRNGLLKKAYELSVLCDA.....EVALIVFSSRG.RLYEY.   57
OsMADS4         .....MG.RGKVEIKRIENSTNRQVTFCKRRAGILKKAREIGVLCDA.....EVGVVIFSSA.KLSDY.    57
OsMADS5         .....MG.RGKVELKRIENKISRQVTFSKRRNGLLKKAYELSVLCDA.....EVALIIFSTRG.RLFEF.   57
OsMADS6         .....MG.RGKVELKRIENKSSRQVTFCKRRNGLLKKAYELSVLCDA.....EVALIFSNRG.KLYEF.   57
OsMADS7/45      .....MG.RGKVELKRIENKSSRQVTFCKRRNGLLKKAYELSVLCDA.....EVALIIFSNRG.KLYEF.   57
OsMADS8/24      .....MG.RGKVELKRIENKSSRQVTFCKRRNGLLKKAYELSVLCDA.....EVALIIFSNRG.KLYEF.   57
OsMADS13        .....MG.RGKIEIKRIENTTNRQVTFCKRRNGLLKKAYELSVLCDA.....EVALIVFSSRG.RLYEY.   57
OsMADS14        .....MG.RGKVQLKRIENKINRQVTFCKRRNGLLKKAYELSVLCDA.....EVALIIFSTKG.KLYEY.   57
OsMADS15        .....MG.RGKVQLKRIENKINRQVTFCKRRNGLLKKAHEISVLCDA.....EVAAIVFSPKG.KLYEY.   57
OsMADS16        .....MG.RGKIEIKRIENATNRQVTYSKRRTGIMKKAKELTVLCDA.....QVAIIMFSSTG.KYHEF.   57
OsMADS17        .....MG.RGKVELKRIENATNRQVTFCKRRNGLLKKAYELSVLCDA.....EVALIIFSSTG.KLFEF.   57
OsMADS18/28     .....MG.RGPVQIKRIENATNRQVTFSKRRNGLLKKAYELSVLCDA.....EVALIIFSTKG.KLYEF.   57
OsMADS20        .....MG.RGKVQVIRIENEVSRQVTFSKRRFGLLKKAHEIAVLCDV.....DVAAIVFSAKG.NLFHY.   57
OsMADS21        .....MG.RGKIEIKRIENKTSRQVTFCKRRNGLLKRAYELAILCDA.....EIALIVFSSSG.RLYEF.   57
OsMADS22        .....MA.FERREIKRIESAAARQVTFCKRRRGLLKKAEELSVLCDA.....DVALIVFSSTG.KLHEF.   57
OsMADS23        .....MG.RGKIEIKRIDNATSRQVTFCKRRGLFKKAEELSILCDA.....EVGLIVFSCTG.RLYDF.   57
OsMADS25        .....MG.RGKIAIKRIDNTMNRQVTFCKRRSGLMKKAREISILCDA.....DVGLIVFSSTG.RLYEY.   57
OsMADS26        .....MA.RGKVQLKRIENPVHRQVTFCKRREELSILCEA.....DIGIIIFSAHG.KLYDL.         57
OsMADS27        .....MG.RGKIVIRRIDNSTSRQVTFCKRRNGIFKRAKELAILCDA.....EVGLMIFSSTG.RLYEY.   57
OsMADS29        .....MG.RGKIEINATNRQVTFCKRRNGLLKKANELAVLCDA.....RVGVVIFSSTG.KMFEY.      57
OsMADS30        MG.QGKIEMKRIEDATRQVTFSKRRAGELKRANELAVLCDA.....QVGVVFSDKG.KLFDF.         57
OsMADS31        .....MG.RGKIENPTNRQVTFSKRRGLFKRAKELAVLCDA.....QIGVIVFSGTG.KMYEY.        57
OsMADS32        .....MG.RGRSEIKRIENPTCRQSTEYKRDGLFKRAEELAVLCDA.....DLLLLFSASG.KLYHF.    57
OsMADS33        .....MV.RGKVQMKRIENPVHRQVTFCKRRNGLFKRAEELAVLCDA.....DVGVIIFSSCG.KLHEL.  57
OsMADS34        .....MG.RGKVVLQRIENPLNRQVTFCKRRNGLFKKAEELSILCDA.....EVALVLFSHAG.KLYQF.  57
OsMADS37        .....RKRGKVELKRIEDRTSRQVTFCKRRSGLFKKAYELSVLCDA.....QVALLVFSPAG.RLYEF.   57
OsMADS47        .....GK.RERIAIRRIDNLAARQVTFCKRRRGLLKKAEELSILCDA.....EVALVVFSATG.KLFQF.  57
OsMADS50        .....MVRGKTQMKRIENPTSRQVTFCKRRNGLLKKAEELSVLCDA.....EVALIVFSRG.RLYEF.    57
OsMADS56        .....MA.FERREIRRIESAAARQVTFCKRRGLLKRAEELAVLCDA.....DVALVVFSSTG.KLSQF.   57
OsMADS57        .....MVRGRTELKRIENPTSRQVTFSKRRNGLFKRAEEFSILCDA.....EVALIVFSPRG.RLYEF.   57
OsMADS58        .....MG.RGKIVIRRIDNSTSRQVTFCKRRNGIFKRAKELAILCDA.....EVGLVFSSTG.RLYEF.   57
OsMADS59        .....MV.RGKTVISRIENTSRQVTFCKRRSGLFKRAKELAILCDA.....QVGVLVFSSTG.RLYDY.   57
OsMADS60        KQAEKKRRRLEKALANSAAIISELEKKKQKRRREQQRLEEGAAIAEAVALHVLIGE.               57
OsMADS61        .....MG.RGKIVIRRIENPINRQVTFSKRRNGIFKRAKELAILCDA.....EVGLIFSSTG.RLYEY.   57
OsMADS62        .....MG.RVKLPIKRIENTTNRQVTFCKRRNGLIKKAYELSVLCDI.....DVALLMFSPSG.RLSHF.  57
OsMADS63        .....MG.RVKLQIKRIENIPNRQVTFCKRRNGLLKKAYELSVLCDI.....DIALLMFSPSG.RLHFF.  57
OsMADS64        .....GRRGRVVLRRIEDRVRRGIGFKRLAGLERRVEELAVLCDA.....HVGFVVLSCSGDDANP.     57
OsMADS65        .....AREGVPLRRIEDKASRGVTFCKRRRGLLKKAEELAVLCDA.....EVALLVFSPVG.KLYDY.    57
OsMADS66        .....PG.SGSSEGSSIEDTADRQVTFCKRCNGLLKRAYELSMLCDA.....EVALIVFSRG.RLYEY.   57
OsMADS68        .....MG.RVKLKIKKLENSSGRHVTISKRRSGILKRAKELSILCDI.....PLILLMFSPND.KPTIC.  57
OsMADS69        EDNAIIKYNWGMHCLSEYID......SFSPDVYGIAILMEMENGSLGFACIE.....DSSLYVWSRKVNSEGA. 60
OsMADS70        .....AG.RKKVEIKRIEKKDABLQVCFSKRRQTLFNKAGELSLLCNA.....NIAAVVISPAG.RGFSF. 57
OsMADS71        .....MT.KRKIEIKRNKEEARQVCFSKRRPSVFRRASELYTVCGA.....EVAMLVKSPAG.RLYEF.   57
OsMADS72        .....RTTRKKIEIKRGD.KKVPACESKRHITIIFNKRANELAILCGV.....MVAVVFVSPNANGGIF.  57
OsMADS73        .....MG.RQRIEIRRIDNKERRQVTFCKRRAGLFKKASELALLIGA.....SVAVVVFSPAK.HVYAF.  57
OsMADS74        .....LG.RTSKGRQHINSGRRQVTETKRRGLFKKAYELALLAGA.....SIAVVVFSETN.LAYAF.    57
OsMADS75        .....LG.RQRIEINSGRRQVTFCKRRNGLFKKASELSTLCGA.....SVAVVAFSSAG.NVFAF.      57
OsMADS76        .....KG.KQKIEMCOIDGKEKRQVTFRKRRGLFKRAKELSILSGA.....SIAIVSFSKAG.NVFAF.   57
OsMADS77        .........MESEEARKVCESKRRADLFKMASELSVHFNA.....DVAAVVFSPAGNRAYS.          47
OsMADS78        .....LG.RQKIEIRRIESEEARQVCESKRRFFFKKASELSICSA.....DVAAVVFSPAG.KAYSF.    57
OsMADS79        .....LG.RQKIEIRRIESEEARQVCESKRRFFFKKASELSICSA.....DVAAVVFSPAG.KAYSF.    57
OsMADS80        .....RG.RQRIEMKLIENKEARQVCESKRREGVFKRASELSVLCGA.....RVAVVFFSPAG.RPHCF.  57
OsMADS81        .....MACKKVKLQRIVIDVKQRVTFEMKSLKGLTRKVSEFATLF.....LMVYGEVEVQATK.        52
OsMADS82        .....MARKKVKLLRIVIDVKQRVTFEMKSLKGLMKRKVSEFATLF.....LMVYGEVEVQATK.       52
OsMADS83        .....MARKKMKLLRIVIDVKRVTFEKKRMKGLMKMKVSEFATLF.....LMVYGEVEVQATK.        52
OsMADS84        .....MALRKMKLQRIVIDVKRQVTFEKKRNGLIKRVSEFATLF.....LMVYGEVEVQATK.         52
OsMADS85        .....MACKRVKLQRIVIDVKQRVTFEMKSLKGLTRKVSEFATLF.....FMVYGEVEVQATK.        52
OsMADS86        .........MEKKVKSLMKRASELTDLYGV.....DACVVMYAEGEAQPMM.                    38
OsMADS87        .....MARNKVKLQRIINDAKRRATEKRLKGLMKRASELATLCNV.....DTCLMVYGEGEAQATV.     57
OsMADS88        .....MTAVKDSTRREIEKRRATEKRRSGLMKGLASELSLG2.....GVCVVVYGEGEVKPEV.        57
OsMADS89        .....MARKKIVLDRIANDATRRATEKRRSGLMKGLASELATLCDV.....DACLVVYGEGDAEPEV.    57
OsMADS90        .....RRGRRGKVRYIEEDERFDITEFKKRNGLFKCASDLSILIGA.....SVAICLHDSNKAQFFG.    57
OsMADS91        .....RRARRTGAAYVDDEREFDITEFKKRNGLFKCASDLSILIGA.....SVAVVIEDQNRSKFHA.    57
OsMADS92        .........MAGRKETVIKRAKELSVLCDV.....PVALVCAVGGAVEVWE.                    37
OsMADS93        .....MARKPIGLLAHQKRAATYARKRESLRKRAGELTLCDV.....RVAFVCAGFVVPGGG.         57
OsMADS94        .....MPRAKTPMGLIPFPKKRATFARRKETVMKAKELSVLCDA.....QVARKRSLTHREYL.        57
OsMADS95        .........MKMEEDATYGEKMQESLMEEARELSTLCGV.....DVALLCAGGPGTGDGD.           45
OsMADS96        .....MPRTKLVLKLIENEKKARKRDGLKQRVSPATLCGV.....EALLCVAPAVAGAGV.           57
OsMADS97        .....GGGGEARVTPAVAGEQRAALEMKERLVRKASSLATRCDV.....PVAVICFGVGAGGEPT.      57
OsMADS98        .....MSRKTSIALTANPQTRATTYLKRAGLIKKAGELTLCDI.....PVAVVCAG..PDDGAPT.      56
OsMADS99        .....MARKKVKLQRIVIDVKQRVTFEMKSLKGLTRKVSEFATLF.....FMVYGEVEVQATK.        52
```

图4.2 OsMADS1^Olr 或者OsMADS1与其他水稻MADS-box蛋白家族成员间MADS域保守性分析

注：黑色三角符号处表示OsMADS1^Olr 蛋白MADS域的第27位氨基酸的替换位点。

达（Zhang等，2018；Liu等，2018；Arora等，2007；Chung等，1994）。为了进一步验证野生型 OsMADS1 基因在日本晴中的表达模式，同时研究 OsMADS1^{Olr} 突变基因在麦稻中的表达模式，以及比较二者的表达模式，本研究分别分析了在稻穗、小穗和种子发育代表性阶段日本晴中 OsMADS1 和麦稻中 OsMADS1^{Olr} 的表达谱。如图4.3a所示，qRT-PCR结果表明 OsMADS1 和 OsMADS1^{Olr} 的表达模式整体上比较相似但前者的表达量整体上要高于后者，并且二者在谷粒发育阶段总的相对表达量要高于稻穗、小穗和花器官中的表达量。此外，OsMADS1 在开花后第1天（1DAF）的种子中表达量最高，而 OsMADS1^{Olr} 在开花后第3天（3DAF）的种子中表达量最高。同时 OsMADS1 也在外稃快速伸长阶段（L1）、外稃成熟阶段（L3）和内稃成熟阶段（Pa3）中表达量较高，而 OsMADS1^{Olr} 在L1和Pa3中表达量较高。本研究结果还发现 OsMADS1^{Olr} 或 OsMADS1 在成熟的雌蕊（即Pi）中表达，而在成熟的雄蕊（即St）中几乎不表达。这个结果与麦稻外稃成熟阶段（L3）和内稃成熟阶段（Pa3）中表达量较高，而 OsMADS1^{Olr} 在L1和Pa3中表达量较高。本研究结果还发现 OsMADS1^{Olr} 或 OsMADS1 在成熟的雌外稃成熟阶段（L3）和内稃成熟阶段（Pa3）中表达量较高，而 OsMADS1^{Olr} 在L1和Pa3中表达量较高。本研究结果还发现 OsMADS1^{Olr} 或 OsMADS1 在成熟的雌蕊（即Pi）中表达，而在成熟的雄蕊（即St）中几乎不表达。这个结果与麦稻其他花器官发生明显形态变异但麦稻和日本晴雄蕊形态却并无明显差异的结果相一致。结合麦稻的小穗和谷粒均表现出异常表型，表明 OsMADS1 不仅在穗发育中发挥着重要调控作用，也可能在谷粒发育中起着关键的调控作用。

为了深入分析 OsMADS1 组织表达模式，本研究构建了 pOsMADS1::GUS 载体并利用农杆菌侵染法转入日本晴中，获得转基因植株经鉴定后，取阳性植株成熟的花和6DAF、12DAF、18DAF、24DAF和30DAF的种子或糙米进行GUS染色分析。如图4.3b～n所示，OsMADS1 的表达量在0DAF、6DAF和12DAF中表达量较高，随后其表达量逐渐降低，最终在成熟糙米中几乎降低到零。另外，OsMADS1 主要在种子发育前期的种子外稃、内稃和种皮以及种子的胚、胚乳和糊粉层中表达。

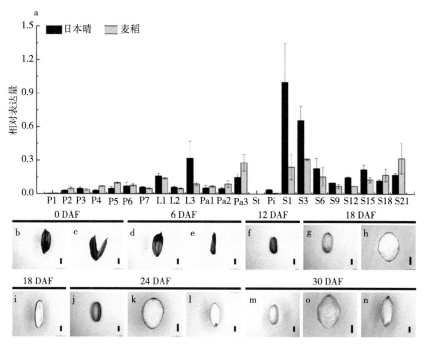

图4.3 *OsMADS1*和*OsMADS1*^{Olr}的表达谱与组织特异表达分析

注：a为日本晴中的OsMADS1和麦稻中的OsMADS1Olr的表达谱分析。P1为穗长0~3mm的幼穗；P2为穗长3~15mm的幼穗；P3为穗长15~50mm的幼穗；P4为穗长50~100mm的稻穗；P5为穗长100~150mm的稻穗；P6为穗长150~200mm的稻穗；P7为穗长>200mm的稻穗；L1为穗长100~150mm稻穗的外稃；L2为穗长150~200mm稻穗的外稃；L3为穗长>200mm稻穗的外稃；Pa1为穗长100~150mm稻穗的内稃；Pa2为穗长150~200mm稻穗的内稃；Pa3为穗长>200mm稻穗的内稃；St为穗长>200mm的稻穗上小花的雄蕊；Pi为穗长>200mm稻穗上小花的雌蕊；S1为1DAF的种子；S3为3DAF的种子；S6为6DAF的种子；S9为9DAF的种子；S12为12DAF的种子；S15为15DAF的种子；S18为18DAF的种子；S21为21DAF的种子；DAF为开花后的天数。数据为3次重复的平均值±SDS。b~n为由*OsMADS1*启动子启动GUS表达的转基因代表性发育阶段种子的组织化学染色分析。b和c分别为成熟的小花和解剖后的成熟小花；d为6DAF的种子；e~g、j和m为糙米，h、k和o为糙米的横切面；i、l和n为糙米的纵切面。比例尺，b~n中为1mm。

综上所述，qRT-PCR和GUS染色分析表明*OsMADS1*在种子发育前期具有较高的表达量，因此，推测*OsMADS1*对水稻粒型和稻米品质可能具有重要的调控作用。

4.4 讨论

已有研究表明 $OsMADS1$ 基因主要在花分生组织、小穗和种子发育阶段表达（Liu等，2018；Zhang等，2018；Arora等，2007；Chung等，1994）。本研究的qRT-PCR和GUS染色分析结果表明，$OsMADS1$ 基因在种子发育早期阶段表达量较高，并且本研究进一步分析了 $OsMADS1$ 基因在种子中的组织特异表达模式，发现其在种皮、胚、胚乳和糊粉层中都有不同程度表达，表明 $OsMADS1$ 基因有可能调控水稻种子发育。

此外，本研究还发现 $OsMADS1^{Olr}$ 在麦稻花发育和种子发育阶段是表达的，因此可以推测，尽管该基因发生了一个碱基突变，但也可能仍然具有部分功能。若 $OsMADS1^{Olr}$ 仍然具有部分功能，但为什么麦稻的小穗和种子表型异常？其在 $OsMADS1$ 的已知等位突变体中算是变异比较严重的呢？值得进一步研究分析。

本研究还发现，麦稻中 $OsMADS1^{Olr}$ 的突变位点与其异常表型具有关联性，且该突变位点处对应的野生型氨基酸在水稻MADS-box家族成员中高度保守。另外，$lhs1$（Jeon等，2000；Chen and Zhang，1980；Kinoshita等，1976）和 nsr（Chen等，2006）突变体除含有 $OsMADS1^{Olr}$ 的突变位点外，$OsMADS1$ 的其他位点也发生了突变，但麦稻却表现出与这两个突变体相似的表型，说明麦稻中 $OsMADS1^{Olr}$ 的突变位点所对应的野生型核苷酸对野生型 $OsMADS1$ 基因的正常功能是至关重要的。综合分析这些研究结果，本研究推测OsMADS1蛋白中的MADS结构域上的第27个氨基酸——甘氨酸（Gly）对于维持OsMADS1蛋白的功能极其重要。该氨基酸发生突变有可能导致了OsMADS1蛋白不能与其下游靶基因结合，从而不能激活其下游靶基因的表达，使OsMADS1蛋白不能发挥正常的转录激活功能，最终导致麦稻表现出异常的小穗和谷粒表型。

本研究发现 $OsMADS1$ 基因在雌蕊中正常表达但在雄蕊中却几乎不表达，并且观察到麦稻的雌蕊形态并无明显异常，其花粉育性和萌发率与日本晴相比并无显著差异，但却出现胚囊发育不成熟的异常表型。已有研究表明 $OsMADS1$ 基因主要影响花原基分化与花器官发育（Zhang等，2018；Hu等，2015；Sun等，2015；Arora等，2007；Chen等，2006；Agrawal等，

2005；Prasad等，2005；Jeon等，2000）。可以推测虽然*OsMADS1*基因作为E类基因，协调A、B、C和D类基因调控各个花器官发育，但其可能对雄蕊和雄配子的调控功能作用很弱，甚至可能不参与雄蕊和雄配子发育的调控。

5 *OsMADS1*基因调控水稻粒型的功能解析

*OsMADS1*基因属于ABCDE花发育调控模型中的E类基因，参与调控花分生组织分化和花器官发育，且最近的研究才发现该基因也可以调控水稻粒型。本章通过构建相关转基因载体并进行遗传转化获得相应转基因株系，并对各转基因株系进行表型和基因型分析，从而研究麦稻的异常粒型是否由 *OsMADS1*[Olr]基因突变导致的，并进一步验证*OsMADS1*基因对水稻粒型的调控作用。

5.1 材料

日本晴（Nipponbare，NIP）、麦稻（Oat-like rice）、*OsMADS1*[Olr]-过表达株系、*OsMADS1*-RNAi组成型干涉株系。

5.2 方法

5.2.1 转基因载体构建和遗传转化

OsMADS1[Olr]过表达载体构建：取麦稻成熟叶片于-80℃冰箱保存。采用Plant Total RNA Isolation Kit Plus（购自成都福际生物技术有限公司）试剂盒提取麦稻冻存叶片样品的RNA。随后利用提取获得的RNA作为模板，使用TranScript All-in-One First-Strand cDNA Synthesis SuperMix for qPCR（One-Step gDNA Removal）（购自北京全式金生物技术有限公司）进行反转录得到相应的cDNA，具体方法见附录5。以反转录所得的cDNA为模板，利用设计的扩增*OsMADS1*[Olr]全长cDNA的相应引物，经PCR扩增得到

$OsMADS1^{Olr}$的全长cDNA片段，所用引物见附录7。将扩增的产物经BamHI和KpnI双酶切后插入经相应的酶线性化的载体pCUbi1390中，形成新的重组载体，即为pUbi::$OsMADS1^{Olr}$（$OsMADS1^{Olr}$-过表达载体）。

$OsMADS1$-RNAi载体构建：取日本晴成熟叶片于-80℃冰箱保存。采用Plant Total RNA Isolation Kit Plus（购自成都福际生物技术有限公司）试剂盒提取日本晴冻存叶片样品的RNA。随后利用提取获得的RNA作为模板，使用TransScript All-in-One First-Strand cDNA Synthesis SuperMix for qPCR（One-Step gDNA Removal）（购自北京全式金生物技术有限公司）进行反转录得到相应的cDNA，具体方法见附录3。以反转录得到的cDNA为模板，利用设计的$OsMADS1$的正义、反义干扰片段PCR扩增引物分别进行扩增，分别得到$OsMADS1$的正义、反义干扰片段，其大小分别为462bp和459bp，所用引物见附录7。将扩增的$OsMADS1$正义片段经KpnI和SacI双酶切后插入经相应的酶线性化的载体pLHRNAi的左侧多克隆位点（MCS）处，形成新的重组载体后，再将扩增的$OsMADS1$反义片段经BamHI和MluI双酶切后插入经相应酶线性化的新重组载体的右侧MCS处，形成同时含有大小为462bp $OsMADS1$正义片段和459bp $OsMADS1$反义片段的重组载体，即为pUbi::$OsMADS1$-RNAi载体（$OsMADS1$-RNAi载体）。

遗传转化：参照4.2.3。

5.2.2　qRT-PCR、RT-PCR及测序分析

用液氮从实验室收集日本晴和$OsMADS1$-RNAi转基因植株成熟的小穗以及日本晴、麦稻、$OsMADS1^{Olr}$过表达和$OsMADS1$-RNAi植株的12DAF的种子样品，并于-80℃冰箱保存。

提取上述样品的RNA，并将所提的RNA反转录为cDNA，之后对相应样品中的$OsMADS1$或$OsMADS1$与$OsMADS1^{Olr}$基因的表达量进行qRT-PCR分析，具体操作方法见4.2.3，所涉及的引物见附录8。

设计一对扩增的PCR片段包含$OsMADS1^{Olr}$突变位点的引物（引物序列见附录8），以日本晴、$OsMADS1^{Olr}$过表达转基因植株OE-2和OE-10的cDNA为模板，进行RT-PCR扩增，获得包含$OsMADS1^{Olr}$突变位点在内的cDNA扩增片段，之后将扩增产物送至北京擎科生物科技服务有限公司成

都分公司进行测序分析，根据DNA测序峰图上OsMADS1中野生型碱基G与OsMADS1^{Olr}中突变型碱基A的波峰信号强度判断OsMADS1与OsMADS1^{Olr}基因的相对表达量。

5.3 结果与分析

5.3.1 OsMADS1^{Olr}基因过表达功能验证分析

可能是由于麦稻籼稻遗传背景的原因，很难将野生型OsMADS1基因通过遗传转化转入麦稻中，通过遗传互补实验验证OsMADS1基因对水稻粒型的调控作用。因此，本研究通过在日本晴中过表达OsMADS1^{Olr}突变基因，通过竞争性抑制内源野生型OsMADS1基因功能的显性负效应技术，来研究麦稻的表型是否由OsMADS1^{Olr}基因突变引起的。本研究构建了pUbi::OsMADS1^{Olr}过表达载体并利用农杆菌介导的遗传转化法转入日本晴中，并获得19株T$_0$代植株。观察发现这19株T$_0$代阳性植株在营养生长阶段与日本晴并无明显的表型差异。经详细的表型、基因型及OsMADS1表达量分析后，一株谷粒表型与麦稻极其相似且表型发生严重变异的阳性植株（OE-2），及一株谷粒表型与麦稻部分类似但表型发生较轻变异的阳性植株（OE-10）被选中用于深入分析（图5.1）。

在OE-2的谷粒中也偶尔出现同一粒谷粒中包含两粒糙米的现象。OE-2和OE-10的外稃、内稃、谷粒和糙米长都显著大于日本晴，而外稃、内稃、谷粒与糙米的宽和谷粒与糙米的厚都显著小于日本晴，因此，OE-2和OE-10植株的谷粒和糙米都比日本晴的更细长，正如测得的二者的谷粒和糙米的长宽比都显著高于野生型对照日本晴。此外，OE-2和OE-10植株的谷粒和糙米的千粒重相比日本晴都极显著降低。总之，与OE-10相比，OE-2植株表现出更明显的类似麦稻的表型，例如更长的外稃、内稃与谷粒，更低的种子结实率和更小的谷粒和糙米的千粒重（图5.1a、c、g～k）。这可能是由于OE-2中OsMADS1^{Olr}突变基因表达量相对OE-10中更高的原因。

由于OsMADS1^{Olr}突变转录本和内源野生型OsMADS1转录本之间只有一个碱基的差异，因此用qRT-PCR方法可能无法区分两种转录本在OE-2或

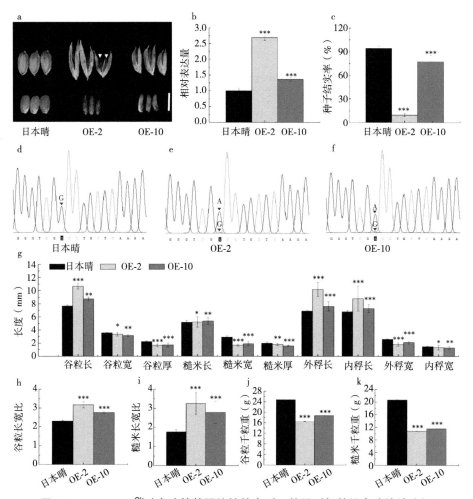

图5.1 *OsMADS1*^{Olr}过表达转基因植株的表型、基因型与基因表达统计分析

注：a为与麦稻谷粒表型相似的*OsMADS1*^{Olr}过表达转基因植株（OE-2和OE-10）与日本晴的谷粒表型比较，三角形表示一粒谷粒含有两粒糙米。b为野生型和*OsMADS1*^{Olr}过表达转基因植株中*OsMADS1*在12DAF种子中的相对表达量。c为野生型和*OsMADS1*^{Olr}过表达转基因植株的种子结实率。d~f为利用设计的一对*OsMADS1*-RT引物从日本晴（d）、OE-2（e）和OE-10（f）中分别扩增包括*OsMADS1*^{Olr}突变位点和*OsMADS1*对应位点的cDNA片段测序峰图，红色箭头表示麦稻*OsMADS1*^{Olr} cDNA突变位点的A碱基信号峰，蓝色箭头表示日本晴*OsMADS1* cDNA中对应的G碱基信号峰。g为野生型和过表达*OsMADS1*^{Olr}的转基因植株的谷粒长、谷粒宽、谷粒厚、糙米长、糙米宽、糙米厚、外稃长、内稃长、外稃宽和内稃宽的比较分析；h~k为野生型和过表达*OsMADS1*^{Olr}的转基因植株的谷粒长宽比（h）、糙米长宽比（i）、谷粒千粒重（j）和糙米千粒重（k）的比较分析。比例尺，a中为5mm。数据以平均值±SDS表示（b、g和h中n为3；c中n为12；d~f中n为50）。t检验：*$P<0.05$，**$P<0.01$，***$P<0.001$。

OE-10中单独的表达量，故为了检测$OsMADS1^{Olr}$和$OsMADS1$两种转录本在OE-2或OE-10中相对表达强弱，本研究设计了一对扩增的PCR片段包含$OsMADS1^{Olr}$突变位点的引物来进行RT-PCR，之后将扩增产物进行测序分析，来检测$OsMADS1^{Olr}$和$OsMADS1$两种转录本在样品中的相对表达强弱。在OE-2和OE-10中，$OsMADS1^{Olr}$突变碱基A的峰值信号均明显强于野生型$OsMADS1$所对应的碱基G的峰值信号，并且内源野生型$OsMADS1$的表达信号极其微弱甚至可能是由背景信号噪声引起的（图5.1b、d～f）。因此，在OE-2和OE-10植株中过表达突变型$OsMADS1^{Olr}$基因可能通过负反馈调控抑制了内源野生型$OsMADS1$基因的表达，导致OE-2和OE-10中的内源野生型$OsMADS1$基因的表达量极其微弱。此外，OE-2和OE-10植株的小穗也与麦稻有类似的异常表型，花器官数目和形态表现出不同程度的变异（图5.2）。因此，$OsMADS1^{Olr}$基因过表达实验结果说明麦稻谷粒的异常表型是由$OsMADS1^{Olr}$突变基因导致的。

5.3.2　$OsMADS1$基因的RNAi功能验证

本研究还通过RNAi技术抑制日本晴中$OsMADS1$基因的表达，分析$OsMADS1$-RNAi植株的表型，以进一步验证$OsMADS1$基因对水稻谷粒发育的调控功能。本研究将构建的$pUbi::OsMADS1$-RNAi载体转入日本晴。获得的23株T_0代阳性植株在营养发育阶段并未观察到异常表型。最终选取$OsMADS1$基因表达量低的3株植株（Ri-2、Ri-4和Ri-12）进行详细的表型分析。如图5.3所示，与日本晴相比，$OsMADS1$基因在这3株转基因植株的成熟颖花和12DAF种子中表达量都比较微弱。这3株转基因植株不仅其小穗表现出花器官数目和形态变异（图5.4），其谷粒也表现出与麦稻相似的异常表型（图5.3a）。并且这3株干扰植株的结实率与野生型日本晴相比极显著降低，但与麦稻相比却比较接近（图2.6j、图5.3c）。此外，Ri-4植株的谷粒中也偶尔出现同一粒谷粒中包含两粒糙米的现象（图5.3a）。Ri-2、Ri-4和Ri-12植株谷粒的外稃、内稃和谷粒长度都显著大于日本晴，而与日本晴相比它们的外稃、内稃与糙米的宽度和谷粒与糙米的厚度都显著降低，并且它们的谷粒和糙米的长宽比都显著大于野生型日本晴（图5.3d～f）。因此，Ri-2、Ri-4和Ri-12植株的谷粒和糙米相比日本晴的更显细长，但它们的谷粒

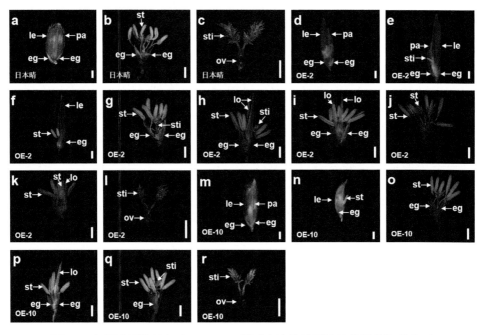

图5.2　与野生型植株相比 OsMADS1^{Olr} 过表达转基因植株的异常颖花表型

注：a~c为野生型植株（日本晴）的小穗和花器官，其中a为日本晴的1个正常小穗；b为日本晴的1个正常且被解剖除去外稃和内稃小穗，由1对护颖、1对桨片、6个雄蕊和1个雌蕊组成；c为日本晴的1个小穗中获得的1个雌蕊，由1个子房和1对羽状柱头组成。d~l为表型严重的过表达 OsMADS1^{Olr} 的转基因植株OE-2的小穗和花器官，其中d和e为OE-2植株的稃壳不闭合的异常小穗；f为OE-2植株的1个没有内稃的小穗；g为OE-2植株上解剖除去外稃和内稃的1个小穗，含有6个雄蕊和1个雌蕊；h为OE-2植株上解剖除去外稃和内稃的1个小穗，含有5个雄蕊和2个显著异常伸长的桨片；i为OE-2植株上解剖除去外稃和内稃的1个小穗，含有8个雄蕊和3个显著异常伸长的桨片；j为OE-2植株上解剖除去外稃和内稃的1个小穗，含有7个雄蕊；k为OE-2植株上解剖除去外稃和内稃的1个小穗，含有4个雄蕊和3个显著异常伸长的桨片；l为从OE-2植株上1个小穗中获得的1个雌蕊，由1个子房和1对羽状柱头组成。m~r为表型较弱的过表达 OsMADS1^{Olr} 的植株OE-10的小穗和花器官，其中m为与野生型相比，OE-10的小穗显得更细长且颖壳处于闭合状态；n为OE-10的1个没有内稃的异常小穗；o为OE-10植株上解剖除去外稃和内稃的1个小穗，含有6个雄蕊和1个雌蕊；p为OE-10植株上解剖除去外稃和内稃的1个小穗，含有5个雄蕊和2个显著异常伸长的桨片；q为OE-10植株上解剖除去外稃和内稃的1个小穗，含有7个雄蕊；r为从OE-10植株上1个小穗中获得的1个雌蕊，由1个子房和1对羽状柱头组成。eg表示护颖；le表示外稃；pa表示内稃；lo表示桨片；st表示雄蕊；pi表示雌蕊；sti表示柱头；ov表示子房。比例尺，a~r中为1mm。

与糙米的千粒重相比日本晴显著降低（图5.3a、g、h）。因此，*OsMADS1*-RNAi实验结果进一步说明麦稻的小穗和谷粒异常表型都是由*OsMADS1*功能缺失甚至丧失引起的。

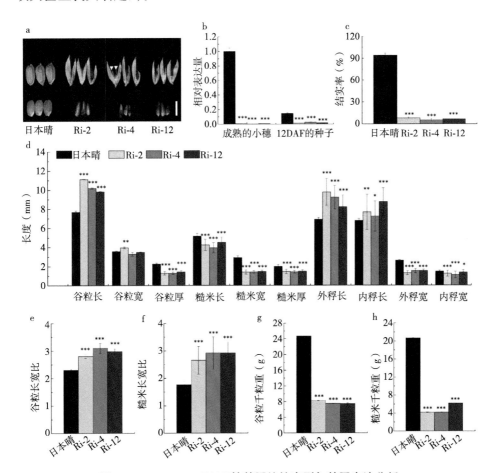

图5.3 *OsMADS1*-RNAi转基因植株表型与基因表达分析

注：a为与麦稻表型相似且表型严重的*OsMADS1*-RNAi转基因植株（Ri-2、Ri-4和Ri-12）和野生型日本晴的谷粒表型，三角形表示一粒谷粒含有两个糙米。b为野生型和表型变异严重的*OsMADS1*-RNAi的植株中*OsMADS1*在成熟颖花和12DAF种子中的相对表达量。c为野生型和表型变异严重的*OsMADS1*-RNAi的植株的种子结实率。d为野生型和表型严重的*OsMADS1*-RNAi的转基因植株的谷粒长、谷粒宽、谷粒厚、糙米长、糙米宽、糙米厚、外稃长、内稃长、外稃宽和内稃宽的比较分析。e~h为野生型和表型变异严重的*OsMADS1*-RNAi的转基因植株的谷粒长宽比（e）、糙米长宽比（f）、谷粒千粒重（g）和糙米千粒重（h）的比较分析。比例尺，a中为5mm。数据以平均值±SDS表示（b、g和h中n为3；c中n为12；d~f中n为50）。t检验：*$P<0.05$，**$P<0.01$，***$P<0.001$。

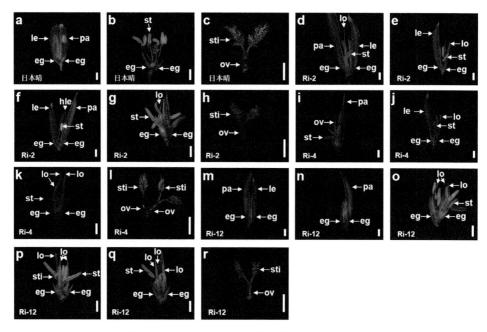

图5.4　OsMADS1-RNAi植株的异常小穗表型

注：a~c为野生型植株（日本晴）的小穗和花器官，其中a为日本晴的1个正常小穗；b为日本晴的1个正常且被解剖除去外稃和内稃的小穗，由1对护颖、1对浆片、6个雄蕊和1个雌蕊组成；c为从日本晴的1个小穗中获得的1个雌蕊，由1个子房和1对羽状柱头组成。d~h为OsMADS1-RNAi表型严重植株Ri-2的小穗和花器官，其中d~f为Ri-2植株的颖壳不闭合的小穗，f中三角形指的是额外的外稃；g为Ri-2植株中解剖除去外稃和内稃的1个小穗，含有5个雄蕊和3个显著异常伸长的浆片；h为从Ri-2植株1个小穗中获得的1个雌蕊，由1个子房和1对羽状柱头组成。i~l为表型严重的OsMADS1-RNAi的转基因植株Ri-4的小穗和花器官，其中i和j为Ri-4植株中颖壳不闭合的小穗；k为Ri-4植株中解剖除去外稃和内稃的1个小穗，含有2个雄蕊和3个显著异常伸长的浆片；l为Ri-4植株小穗中融合在一起的2个雌蕊。m~r为表型严重的OsMADS1-RNAi的转基因植株Ri-12的小穗和花器官，其中m和n为Ri-12植株颖壳不闭合的小穗；o为Ri-12植株中解剖除去外稃和内稃的1个小穗，含有6个雄蕊和3个显著异常伸长的浆片；p为Ri-12植株中解剖除去外稃和内稃的1个小穗，含有5个雄蕊和3个显著异常伸长的浆片；q为Ri-12植株中解剖除去外稃和内稃的1个小穗，含有2个雄蕊和3个显著异常伸长的浆片；r为从Ri-12植株中1个小穗中获得的1个雌蕊，由1个子房和1对羽状柱头组成。eg表示护颖；le表示外稃；hle表示增生的外稃；pa表示内稃；lo表示浆片；st表示雄蕊；pi表示雌蕊；sti表示柱头；ov表示子房。比例尺，a~r中为1mm。

综上所述，由于$OsMADS1^{Olr}$和OsMADS1-RNAi表型严重植株都表现出与麦稻极其相似的表型，加上在$OsMADS1^{Olr}$过表达表型严重植株谷粒中内源野生型*OsMADS1*基因几乎不表达，同时*OsMADS1*-RNAi表型严重植株小穗和谷粒中的*OsMADS1*表达量十分微弱，因此麦稻的小穗和粒型异常表型是由于*OsMADS1*^{Olr}突变引起的，同时*OsMADS1*^{Olr}很可能是*OsMADS1*的一个十分严重甚至缺失功能的等位基因。

5.3.3 谷粒发育调控代表性基因的表达分析

为了研究*OsMADS1*基因调控水稻粒型发育的分子网络，分析了10个水稻粒型调控相关的代表性基因在日本晴、麦稻、*OsMADS1*^{Olr}过表达、*OsMADS1*-RNAi植株谷粒中的表达情况。如图5.5所示，与日本晴相比，整体上各基因在麦稻、*OsMADS1*^{Olr}过表达和*OsMADS1*-RNAi植株的12DAF谷粒中具有类似的表达趋势。除*DEP1*在麦稻和日本晴中的表达量没有显著差异外，*DEP1*、*GGC2*和*RGB1*在麦稻、过表达*OsMADS1*^{Olr}植株和*OsMADS1*-RNAi植株中的相对表达量都显著降低。*GS3*的相对表达量在麦稻、*OsMADS1*^{Olr}过表达和*OsMADS1*-RNAi植株中也显著降低，这一结果与麦稻、*OsMADS1*^{Olr}过表达和*OsMADS1*-RNAi植株内外稃相对日本晴极显著伸长的表型相一致。尽管*GS5*和*GW8*分别在麦稻中下调和上调表达，但它们在*OsMADS1*^{Olr}过表达和*OsMADS1*-RNAi植株中的表达量都上调。此外，*GW2*和*GW5*在麦稻、*OsMADS1*^{Olr}过表达和*OsMADS1*-RNAi植株中的相对表达量显著增加，可能导致了这些植株外稃宽和内稃宽变窄。表达分析还发现*OsBC1*在麦稻、*OsMADS1*^{Olr}过表达和*OsMADS1*-RNAi植株中的表达量显著下调。同时，虽然*OsBU1*在麦稻中的相对表达量有所降低，但其在*OsMADS1*^{Olr}过表达和*OsMADS1*-RNAi植株中的相对表达量却显著升高。因此，在麦稻、*OsMADS1*^{Olr}过表达和*OsMADS1*-RNAi植株中，*DEP1*、*GGC2*、*RGB1*、*GS3*、*GW2*、*GW5*、*GW8*和*OsBC1*的表达量发生了改变，这表明*OsMADS1*基因可能通过影响这些基因的表达水平进而参与水稻粒型发育调控。

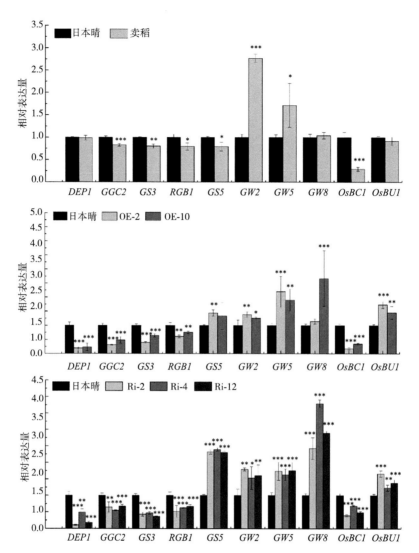

图5.5 调控谷粒形状相关的代表性基因在麦稻、$OsMADS1^{Olr}$过表达和$OsMADS1$-RNAi植株中的表达分析

注：a～c为调控粒型相关的代表性基因在日本晴与麦稻、$OsMADS1^{Olr}$过表达植株和$OsMADS1$-RNAi植株中的相对表达量。以$OsActin$的值作为内参基因用于数据归一化处理，日本晴中基因的相对表达水平设为1。数据以3次重复的平均值±SDS表示。t检验：*$P<0.05$，**$P<0.01$，***$P<0.001$。

5.4 讨论

本研究中，$OsMADS1^{Olr}$过表达和$OsMADS1$-RNAi植株的谷粒都表现出与麦稻相似的表型，这不仅进一步证明麦稻的表型是由$OsMADS1^{Olr}$引起的，也说明了$OsMADS1$基因对水稻粒型发育起着重要的调控作用。然而，有趣的是，$OsMADS1^{Olr}$是$OsMADS1$基因的一个隐性等位基因，但在日本晴中过表达$OsMADS1^{Olr}$隐性等位基因，其T_0代转基因植株OE-2和OE-10的粒型却表现为显性表型。这个结果看似矛盾，但这个现象却能用显性负效应来解释，并且之前也有类似的相关研究报道。Jeon等（2000）报道了一个$lhs1$突变体，该突变体的小穗发生了变异。$lhs1$突变体中$OsMADS1^{lhs1}$突变蛋白MADS结构域所对应的DNA片段包含两个突变位点，其中一个突变位点与$OsMADS1^{Olr}$基因的突变位点一致，而在正常水稻品种Dongjin中过表达$OsMADS1^{lhs1}$突变等位基因所得的转基因植株也表现出类似$lhs1$的表型。另外，拟南芥中过表达C端缺失的MADS-box基因$AGAMOUS$（AG）也导致了花和花器官异常，这也与AG突变体表型相似（Mizukam等，1996）。实际上，在RNAi和基因编辑技术广泛应用之前，由于过表达突变蛋白可以竞争性抑制内源性蛋白，因此显性负效应技术是一种用于研究目标基因功能的常见且有效的技术，尤其是在研究其编码蛋白是以复合物的形式行使功能的基因时，显性负效应技术会更加有效（Jeon等，2000；Mizukam等，1996；Goff等，1991；Herskowitz，1987）。

麦稻和日本晴杂交所获得的F_1杂合植株表现出与日本晴相似的正常谷粒表型，由此可以推断由$OsMADS1^{Olr}$隐性突变基因导致的麦稻表型为隐性性状。然而在日本晴正常品种中过表达$OsMADS1^{Olr}$隐性基因，却在OE-2和OE-10这两个T_0代植株中出现异常粒型的显性效应。推测这种差异可能是由F_1和$OsMADS1^{Olr}$过表达植株中$OsMADS1^{Olr}$突变型转录本与$OsMADS1$野生型内源转录本之间的比例不同导致的。在F_1代植株中，由于孟德尔遗传效应，故$OsMADS1^{Olr}$ mRNA和$OsMADS1^{Olr}$蛋白的量应该分别与对应的$OsMADS1$ mRNA和OsMADS1蛋白量相等，从而可能造成等量的OsMADS1^{Olr}蛋白可能不足以竞争性地抑制OsMADS1蛋白的正常功能，进而导致了$OsMADS1^{Olr}$在F_1植株中表现为隐性效应。本研究发现在$OsMADS1^{Olr}$过表达植株OE-2

和OE-10中，过表达$OsMADS1^{Olr}$导致$OsMADS1^{Olr}$ mRNA的量远远超过内源$OsMADS1$ mRNA，因此推测OE-2和OE-10植株中$OsMADS1^{Olr}$蛋白含量可能远远超过OsMADS1，可能足以竞争性抑制OsMADS1蛋白的正常功能，从而在$OsMADS1^{Olr}$过表达植株中出现显性负效应现象。

最近研究发现OsMADS1通过其K结构域可以与一些G蛋白的βγ亚基相互作用，例如OsMADS1可以和OsRGB1、OsRGG1、OsRGG2、DEP1和GS3形成蛋白复合体从而增强其转录活性（Liu等，2018）。在麦稻$OsMADS1^{Olr}$突变蛋白的MADS结构域中，野生型甘氨酸（Gly）突变为天冬氨酸（Asp），但其K结构域并未发生突变。因此，推测在$OsMADS1^{Olr}$过表达植株OE-2和OE-10中，$OsMADS1^{Olr}$也能像OsMADS1一样与这些蛋白互作形成$OsMADS1^{Olr}$-G蛋白βγ亚基-辅因子复合体，并且推测由于竞争性结合效应这些复合物的量应该远远超过由OsMADS1形成的OsMADS1-G蛋白βγ亚基-辅因子复合体的量。然而，由于$OsMADS1^{Olr}$突变位点位于其MADS结构域内，从而导致$OsMADS1^{Olr}$-G蛋白βγ亚基-辅因子复合体可能不能结合$OsMADS1^{Olr}$的下游靶基因，也不能激活其转录。也有可能$OsMADS1^{Olr}$-G蛋白βγ亚基-辅因子复合体不能有效地促进其下游靶基因转录，进而调控小穗和谷粒发育，最终导致$OsMADS1^{Olr}$过表达植株表现出麦稻表型。

已有研究报道$DEP1$、$GGC2$和$RGB1$正调控粒长，而$GS3$负调控粒长（Sun等，2018）。研究还发现$DEP1$可能是OsMADS1的一个靶基因（Khanday等，2016；Hu等，2015；Khanday等，2013），并且DEP1和GS3可以与OsMADS1互作共同调控谷粒大小（Liu等，2018）。在本研究中，$DEP1$的表达量在麦稻和日本晴中并无显著性差异，但$DEP1$的表达量在$OsMADS1^{Olr}$过表达和$OsMADS1$-RNAi植株中相对于对照却显著降低。此外$GS3$、$GGC2$和$RGB1$基因的表达量在麦稻、$OsMADS1^{Olr}$过表达和$OsMADS1$-RNAi植株中与对照相比都发生显著性变化。这些结果与以前的研究结果几乎一致，进一步验证了$OsMADS1$参与水稻粒型调控。前人的研究发现$GW2$和$GW5$负调控粒宽和粒重。当$GW2$或$GW5$发生缺失时，可以增加谷粒宽和千粒重，从而增加水稻产量（Duan等，2017；Liu等，2017；Song等，2007）。在麦稻、$OsMADS1^{Olr}$过表达和$OsMADS1$-RNAi植株中，与对照相比，$GW2$和$GW5$都显著上调表达，这可能是导致这些株系所结谷粒的外稃、内稃和糙米变窄且谷粒和糙米的千粒重降低的原因之一。此外，*OsBC1*是一个谷粒大小的正调控因子，*OsBC1*-RNAi植株所结谷粒相比野生型变小（Jang等，2017；Tanaka等，2009）。麦稻、*OsMADS1*^{Olr}过表达和*OsMADS1*-RNAi植株所结谷粒糙米变小可能与*OsBC1*基因的表达量在这些株系中显著下调有关。综上所述，*OsMADS1*在调控水稻粒型方面发挥着极其重要的作用。

6 *OsMADS1*基因对稻米外观品质和贮藏蛋白的调控功能研究

淀粉、贮藏蛋白和脂肪是稻米中三大主要成分，其中的淀粉含量与稻米的加工品质相关，而贮藏蛋白与稻米的营养品质相关，稻米中淀粉颗粒的排列与稻米的垩白密切相关，而稻米的垩白粒率和垩白度是决定稻米外观品质的重要指标之一。因此，研究稻米的淀粉含量及结构和贮藏蛋白的含量有助于改善稻米品质。

本章对麦稻的稻米外观品质、淀粉含量和贮藏蛋白含量进行研究的同时，进一步结合比较转录组数据分析麦稻中调控贮藏蛋白合成和转运相关的基因表达情况，探索研究*OsMADS1*基因对稻米外观品质和贮藏蛋白的调控功能。

6.1 材料

日本晴、麦稻、粳稻品种Kitaake（Kitaake）、籼稻品种蜀恢527（Shuhui 527）、麦稻和日本晴杂交所得F_2代群体中正常粒型植株所结的F_3代种子（正常粒型）、麦稻粒型植株所结的麦F_3代种子（麦稻粒型）、麦稻和日本晴组配的F_3代株系中正常粒型植株所结的F_4代种子（正常粒型）以及麦稻粒型植株所结的麦F_4代种子（麦稻粒型）、秦岭黑麦（Qinling Rye）、青稞品种藏青2000（Zang Qing No. 2000）和科成麦1号（CIB wheat No.1）。

6.2 方法

6.2.1 种子灌浆过程干物质动态积累曲线测定

以日本晴为对照，取日本晴和麦稻开花后第6天、第9天、第12天、第15天、第18天、第21天、第24天、第27天和第30天的种子放入-80℃冰箱中保存。取出种子后放入105℃烘箱中杀青半个小时，再转入65℃烘箱中干燥至恒重，分别称取烘干后的种子、糙米和对应的内稃和外稃的重量，每个样品20粒，重复3次，进行统计分析。

6.2.2 稻米品质测定

6.2.2.1 稻米品质中理化性状指标的测定

取日本晴、麦稻、麦稻和日本晴杂交所得F_2代群体中正常粒型植株所结F_3代种子（正常粒型）、麦稻粒型植株所结F_3代种子（麦稻粒型）、麦稻和日本晴组配的F_3代株系中正常粒型植株所结F_4代种子（正常粒型）以及麦稻表型植株所结F_4代种子（麦稻粒型）、蜀恢527、Kitaake、秦岭黑麦、青稞藏青2000、科成麦1号的种子，每份种子3次重复，每个重复10g左右。然后分别将这些水稻种子样品经砻谷机（JLG-Ⅱ）去壳得到糙米，进一步将糙米用精米机磨成糙米粉，随后测定糙米粉样品中的总蛋白、总淀粉、直链淀粉、支链淀粉的含量，测定方法参照Han等（2012）。每个样品3次重复，数据用SPSS进行显著性分析。

6.2.2.2 稻米垩白与淀粉颗粒观察分析

将日本晴谷粒经砻谷机（JLG-Ⅱ）去壳，同时将麦稻谷粒经手工去壳，随后分别将日本晴和麦稻糙米用碾米机（JNM-Ⅲ）磨成精米后，使用扫描仪（Microtek Scan Maker i800 plus）扫描后再利用大米外观品质检测软件分别测定二者的垩白粒率与垩白度，每份材料3次重复，每次重复不少于200粒精米。数据用SPSS分析其显著性差异。

以日本晴为对照，取麦稻成熟籽粒，去除颖壳后用解剖刀对其糙米进行横切,并用扫描电子显微镜(Inspect,FEI)观察糙米横切面的淀粉粒结构。

6.2.2.3 杜马斯燃烧法测定稻米贮藏蛋白的含量

将日本晴(什邡收获的种子和海南收获的种子)、麦稻(什邡收获的种子和海南收获的种子)、麦稻和日本晴杂交所得F_2代群体中正常粒型植株所结F_3代种子(正常粒型)以及麦稻粒型植株所结F_3代种子(麦稻粒型)、蜀恢527和Kitaake的糙米和精米分别磨成米粉并过80目标准筛。同时将日本晴、麦稻和F_2代群体中正常粒型植株所结F_3代种子(正常粒型)及麦稻粒型植株所结F_3代种子(麦稻粒型)、蜀恢527和Kitaake的米糠过80目标准筛。然后采用杜马斯燃烧法测定每个样品中的总氮含量,然后乘以5.95,得到每个样品中的总蛋白含量,每个样品3次重复,数据用SPSS分析其显著性差异。

6.2.3 比较转录组分析

以日本晴为对照,从田间分别采集麦稻开花后第1天的种子(1DAF)、开花后第6天的种子(6DAF)、开花后第12天的种子(12DAF)、开花后第18天的种子(18DAF)和开花后第24天的种子(24DAF),立即用液氮速冻并放入-80℃冰箱保存,每个样品3次重复,待所有样品收集完成后,送至成都贝斯拜尔生物科技有限公司,进行比较转录组测序分析。

6.2.4 差异表达基因热图分析

以日本晴为对照,利用所测转录组数据日本晴和麦稻中调控稻米贮藏蛋白合成和转运的差异基因的表达量,用Pheatmap软件进行热图分析。

6.2.5 代表性差异表达基因qRT-PCR验证分析

参照4.2.3。

6.2.6 pOsOle18::OsMADS1-RNAi种子特异性干扰载体的构建及遗传转化

载体构建：取日本晴成熟的叶片，采用CTAB法提取其DNA，具体方法参照附录2。以所提的DNA为模板，利用设计的扩增种子特异性表达基因 OsOle18 启动子片段的引物，引物序列见附录7，扩增 OsOle18 启动子序列 ATG前2 105bp片段，具体步骤参照4.2.3。将扩增的 OsOle18 启动子片段经HindⅢ和KpnⅠ双酶切后插入经相应酶线性化的载体pUbi::OsMADS1-RNAi 中，替换其 pUbi 启动子，形成新的重组载体pOsOle18::OsMADS1-RNAi，即特异性干涉种子发育阶段中 OsMADS1 基因表达的种子特异性干扰载体。

遗传转化：参照4.2.3。

6.3 结果与分析

6.3.1 麦稻种子干物质积累动态分析

从图6.1a可以看出日本晴和麦稻的种子在27DAF以后颖壳全都变黄（在麦稻中有些谷粒颖壳因为叶质化脱水成熟后呈黄色或灰白色），其中一些麦稻种子的颖壳在15DAF时已完全变黄而日本晴在21DAF时有些种子的颖壳才完全变黄；日本晴和麦稻的糙米相比，麦稻的糙米在开花后24DAF已成熟，而日本晴的糙米在30DAF时才成熟。将种子和颖壳以及糙米称重，如图6.1b中所示，可以看出，在种子发育过程中，日本晴和麦稻的种子干物质都是先增加然后到末期略有降低。日本晴种子的干物质积累在18DAF及之前较快，随后逐渐放缓，到27DAF时达到最大值，30DAF时略有回落。虽然麦稻的干物质动态积累曲线与日本晴整体上具有类似的趋势，但也有明显差别。在6DAF和9DAF时，二者的干物质量相差不大。到12DAF时，麦稻的干物质量明显低于日本晴，而到15DAF时又上升到日本晴的水平。18DAF及以后的各时期，麦稻的干物质积累量都显著低于日本晴，同时积累速率也低于日本晴。并且，麦稻的干物质积累从18DAF到21DAF有一个下降的过程，到24DAF时有所回升并达到最大值，然后在27DAF时再次缓慢回落，并持续到30DAF。

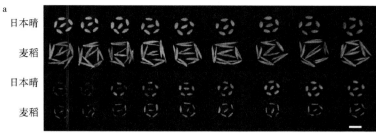

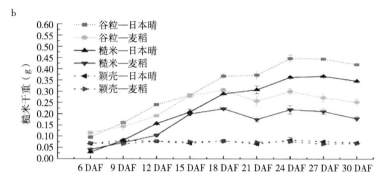

图6.1 日本晴与麦稻种子灌浆过程干物质动态积累曲线

注：a为麦稻和日本晴种子及糙米发育过程中的表型。b为日本晴与麦稻灌浆过程种子、糙米和颖壳的干物质动态积累曲线。比例尺，a中为5mm。

综上所述，麦稻种子干物质积累量最终显著低于日本晴，最终导致麦稻的千粒重极显著低于日本晴，推测二者的稻米品质可能也存在差异。

6.3.2 麦稻稻米外观品质分析

以日本晴为对照，取麦稻成熟种子的精米，用种子品质分析仪器观察并分析垩白粒率和垩白度，如图6.2所示。从外观上看，麦稻精米的垩白明显高于日本晴（图6.2a）。进一步统计分析日本晴和麦稻精米的垩白粒率和垩白度，如图6.2b所示，日本晴和麦稻精米的垩白粒率分别为12.38%±2.63%，79.93%±10.94%，并且日本晴和麦稻精米的垩白度分别为4.89%±1.05%，37.48%±2.63%，t检验表明日本晴和麦稻的垩白粒率和垩白度都存在极显著性差异（$P<0.001$）。因此，麦稻稻米的外观品质变差。

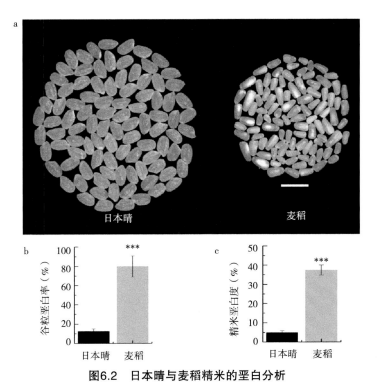

图6.2 日本晴与麦稻精米的垩白分析

注：a为日本晴与麦稻的精米外观品质比较。b为日本晴与麦稻糙米的垩白率测定。c为日本晴与麦稻精米的垩白度测定。数据以3次重复的平均值±SDS表示。t检验：***$P<0.001$。比例尺，a中为5mm。

6.3.3 麦稻稻米淀粉结构观察分析

以日本晴为对照，取麦稻成熟籽粒，去除颖壳后用解剖刀对其糙米进行横切，再用扫描电镜观察糙米的横切面与淀粉颗粒的形态，如图6.3所示。在解剖镜下，可以看到麦稻糙米中存在心白（图6.3a、e）；用扫描电镜观察分析糙米横断面，日本晴中间淀粉颗粒有的较疏松，有的较紧实，其糙米横断面外围淀粉复合体排列比中心的更紧实（图6.3b~d）。但扫描电镜观察发现麦稻糙米横断面垩白部分的淀粉颗粒形状各异，有的呈小球状或砾石状且排列极疏松，未形成规则紧密的复合淀粉颗粒（图6.3f~h）。因此，综合分析得知，淀粉颗粒形态和排列发生变化是麦稻垩白粒率和垩白度升高和稻米外观品质变差的重要原因。

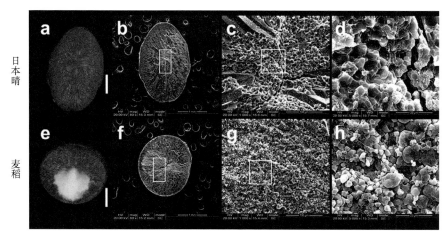

图6.3 日本晴与麦稻横断面垩白和淀粉颗粒的扫描电镜观察分析

注：a~d为日本晴的糙米横断面观察。e~h为麦稻的糙米横断面观察。a、e为解剖镜下观察日本晴（a）和麦稻（e）的糙米横断面；b~d、f~h为电子扫描电镜下观察日本晴（b~d）和麦稻（f~h）的糙米横断面；b和f为在80×下的视野；c和g分别为b和f中白色长方块区域在1 000×下的视野；d和h分别为c和g中白色长方块区域在5 000×下的视野。比例尺：a~b和e~f中为1mm，c和g中为100μm，d和h中为20μm。

6.3.4 麦稻稻米淀粉和贮藏蛋白含量测定分析

上面的分析发现麦稻的垩白粒率和垩白度，以及淀粉颗粒的形态和排列都发生了变化。麦稻稻米这些外观和微观表型的变化可能反映了其稻米内在理化性质的变化。为了研究这种推测的可能性，本研究进一步测定了麦稻和日本晴等其他对照水稻品种，以及其他黑麦、青稞和小麦对照品种或材料中的总蛋白、总淀粉、直链淀粉和支链淀粉含量。如表6.1所示，麦稻糙米中蛋白质含量为14.13%±0.07%，极显著高于日本晴（9.31%±0.05%）。并且F_2群体和F_3株系中麦稻粒型植株的糙米蛋白质含量也显著高于相应正常粒型植株的糙米蛋白质含量。更有意思的是麦稻糙米的蛋白含量除比秦岭黑麦低外（Qinling Rye：18.36%±0.18%），甚至比青稞品种藏青2000（Zang Qing No.2000：10.64%±0.02%）和小麦品种科成麦1号（CIB wheat No.1：9.29%±0.04%）都要高。上述结果说明麦稻稻米蛋白含量较高的性状是可遗传的并与麦稻的粒型相关联，而与麦稻的遗传背景无关。

因此，麦稻糙米的蛋白质含量相对较高，并且麦稻的遗传背景很大程度上并不影响其蛋白质含量。

如表6.1所示，本研究发现麦稻糙米中总淀粉含量为77.55%±1.21%，极显著低于日本晴（86.66%±0.74%）。并且F_2群体和F_3株系中麦稻粒型植株的糙米总淀粉含量也显著低于对应正常粒型植株的糙米总淀粉含量。并且秦岭黑麦、藏青2000和科成麦1号的总淀粉含量分别为60.68%±0.37%、69.05%±0.42%、75.46%±0.27%，与麦稻的相近。但粒型正常水稻品种Kitaake和蜀恢527糙米的总淀粉含量分别为86.42%±0.19%、90.06%±0.17%，与日本晴的相近。

表6.1 麦稻等禾谷类作物籽粒的理化性状测定分析

	蛋白含量（%干基）	淀粉含量（%干基）	直链淀粉（%干基）	支链淀粉（%干基）	脂肪含量（%干基）
日本晴	9.31 ± 0.05	86.66 ± 0.74	20.43 ± 0.15	66.23 ± 0.81	2.05 ± 0.05
麦稻	14.13 ± 0.07***	77.55 ± 1.21***	19.50 ± 0.38*	58.05 ± 0.83***	2.11 ± 0.06
F_2中日本晴表型植株	8.79 ± 1.78	88.10 ± 2.65	17.23 ± 2.89	70.87 ± 0.30	2.09 ± 0.33
F_2中麦稻表型植株	13.11 ± 0.63***	82.03 ± 0.15***	15.55 ± 0.08	66.47 ± 1.50***	2.26 ± 0.04
F_3中日本晴表型植株	7.56 ± 0.05	88.32 ± 0.13	17.96 ± 0.09	70.36 ± 0.20	2.37 ± 0.10
F_3中麦稻表型植株	14.90 ± 0.03***	75.71 ± 1.53***	15.95 ± 0.04***	59.76 ± 1.49***	3.37 ± 0.14**
Kitaake	9.98 ± 0.10	86.42 ± 0.19	13.76 ± 0.16	72.65 ± 0.34	2.64 ± 0.07
蜀恢527	7.21 ± 0.08	90.06 ± 0.17	14.27 ± 0.17	75.78 ± 0.23	2.14 ± 0.06
秦岭黑麦	18.36 ± 0.18	60.68 ± 0.37	12.45 ± 0.19	48.23 ± 0.21	1.87 ± 0.17
藏青2000	10.64 ± 0.02	69.05 ± 0.42	17.34 ± 0.04	51.71 ± 0.42	1.66 ± 0.03
科成麦1号	9.29 ± 0.04	75.46 ± 0.27	17.07 ± 0.17	58.39 ± 0.12	1.89 ± 0.05

注：数据以3次重复的平均值±SDS表示。t检验：*$P<0.05$，**$P<0.01$，***$P<0.001$。

测得麦稻糙米中直链淀粉含量为19.50%±0.38%，显著低于日本晴（20.43%±0.15%），而F_2群体中麦稻粒型植株的糙米直链淀粉含量（15.55%±0.08%）与对应正常粒型植株的糙米直链淀粉含量（17.23%±2.89%）无显著差异。但F_3株系中麦稻粒型植株的糙米直链淀粉含量（15.95%±0.04%）也极显著低于对应正常粒型植株的糙米直链淀粉含量（17.96%±0.09%）。而Kitaake和蜀恢527糙米的直链淀粉含量分别为

13.76%±0.16%、14.27%±0.17%，与麦稻的相近。另外，秦岭黑麦、藏青2000和科成麦1号的直链淀粉含量分别为12.45%±0.19%、17.34%±0.04%，17.07%±0.17%，除秦岭黑麦与麦稻相近外，其余与日本晴相近。

同时测定分析这些材料支链淀粉含量，麦稻中支链淀粉含量为58.05%±0.83%，极显著低于日本晴（66.23%±0.81%）。并且F_2群体和F_3株系中麦稻粒型植株的糙米支链淀粉含量也显著低于对应正常粒型植株的糙米支链淀粉含量。Kitaake和蜀恢527糙米的支链淀粉含量分别为72.65%±0.34%、75.78%±0.23%，都高于日本晴和麦稻，而秦岭黑麦、藏青2000和科成麦1号的支链淀粉含量分别为48.23%±0.21%、51.71%±0.42%、58.39%±0.12%，与麦稻的相近或更低。

综合分析得知，麦稻、F_2群体和F_3株系中麦稻粒型植株糙米的蛋白含量整体上显著高于Kitaake、蜀恢527这两个粒型正常水稻品种，也显著高于F_2群体和F_3株系中正常粒型植株的糙米，甚至高于所测定的青稞和小麦品种。同时麦稻、F_2群体和F_3株系中麦稻粒型植株糙米的淀粉和支链淀粉含量整体上是低于Kitaake、蜀恢527这两个粒型正常水稻品种，也显著低于F_2群体和F_3株系中正常粒型植株的糙米。这些结果说明麦稻稻米蛋白含量较高和淀粉含量较低的性状是可遗传的并与麦稻的粒型相关联，而与麦稻的遗传背景无关，可能是由于$OsMADS1^{Olr}$突变基因引起的。

6.3.5 麦稻糙米、精米和米糠的贮藏蛋白含量测定分析

糙米由皮层、糊粉层、胚和胚乳组成，糙米加工后所得的胚乳俗称为精米，而所得的皮层、糊粉层与胚俗称为米糠。已有研究结果表明糙米、精米和米糠中的蛋白含量是不同的。为了进一步研究麦稻糙米蛋白含量升高是由于胚乳蛋白含量升高引起的，还是由于皮层、糊粉层与胚蛋白含量升高引起的，还是这两方面相互作用引起的，本研究用杜马斯燃烧法进一步测定麦稻等水稻品种材料的糙米、精米及米糠的蛋白含量。

如图6.4a所示，在海南种植所收获的麦稻糙米的总蛋白含量为（12.30±0.19）g/100g，极显著高于日本晴[（9.06±0.08）g/100g]，在什邡种植所收获的麦稻糙米的总蛋白含量为（13.43±0.12）g/100g，也极显著高于日本晴[（8.13±0.20）g/100g]。虽然日本晴、麦稻各自糙米的总蛋白含量

在这两个地方之间由于环境影响都存在差异，但这两个地方收获的麦稻糙米的总蛋白含量始终高于所收获的日本晴的总蛋白含量，也极显著高于正常粒型水稻品种Kitaake[（9.57±0.06）g/100g]和蜀恢527[（7.86±0.03）g/100g]的糙米总蛋白含量。F_2群体中麦稻粒型的糙米总蛋白含量[（13.38±0.07）g/100g]也极显著高于正常粒型的糙米总蛋白含量[（8.19±0.08）g/100g]。

如图6.4b所示，整体上各检测材料精米的总蛋白含量要低于对应糙米的总蛋白含量。在海南种植所收获的麦稻精米的总蛋白含量为（10.86±0.16）g/100g，极显著高于日本晴的[（9.05±0.11）g/100g]，在什邡种植所收获的麦稻精米的总蛋白含量为（11.43±0.15）g/100g，也极显著高于日本晴的[（7.60±0.15）g/100g]，并极显著高于正常粒型水稻品种Kitaake[（8.75±0.22）g/100g]和蜀恢527[（7.12±0.11）g/100g]的精米总蛋白含量。F_2群体中麦稻粒型植株的精米总蛋白含量[（10.62±0.07）g/100g]也极显著高于正常粒型植株的精米总蛋白含量[（7.34±0.13）g/100g]。

如图6.4c所示，整体上各检测材料米糠的总蛋白含量要高于对应精米与糙米的总蛋白含量。海南的麦稻米糠的总蛋白含量为（15.19±0.20）g/100g，而日本晴的为（15.83±0.27）g/100g，二者无显著差异。同时，F_2群体中麦稻粒型植株谷粒米糠的总蛋白含量[（15.61±0.01）g/100g]与正常粒型植株谷粒米糠的总蛋白含量[（15.17±0.20）g/100g]相比差别不大，也较接近正常粒型水稻品种Kitaake米糠中的含量[（16.10±0.16）g/100g]。

综上所述，本研究发现所测水稻品种材料米糠中的总蛋白含量最高，精米中的总蛋白含量最低，而糙米中的总蛋白含量介于二者之间。无论是麦稻与日本晴相比，还是麦稻和日本晴杂交所得F_2群体中麦稻粒型植株与正常粒型植株相比，二者米糠的总蛋白含量并无显著性差异。但是，无论是麦稻与日本晴相比，还是麦稻和日本晴杂交所得F_2群体中麦稻粒型植株与正常粒型植株相比，麦稻精米和糙米的总蛋白含量都极显著高于日本晴，并且F_2群体中麦稻粒型植株谷粒的精米和糙米的总蛋白含量都高于正常粒型植株的精米和糙米的总蛋白含量。综合分析得知，麦稻糙米总蛋白含量极显著高于日本晴是由于其精米的总蛋白含量极显著高于日本晴引起的，并且是

$OsMADS1^{Olr}$突变基因的结果。以上结果说明$OsMADS1$基因可能对水稻贮藏蛋白含量具有重要的调控作用。

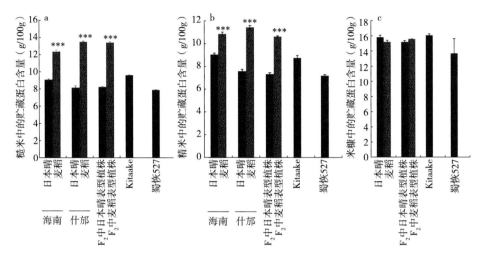

图6.4 麦稻等水稻材料或品种的稻米贮藏蛋白含量测定分析

注：a为糙米中的贮藏蛋白含量。b为精米中的贮藏蛋白含量。c为米糠中的贮藏蛋白含量。数据以3次重复的平均值±SDS表示。t检验：$*P<0.05$，$**P<0.01$，$***P<0.001$。

6.3.6 麦稻与日本晴中贮藏蛋白合成与转运途径相关调控基因的差异表达分析

为了研究麦稻糙米和胚乳蛋白含量提高是否由$OsMADS1^{Olr}$发生突变，导致了麦稻种子发育过程中贮藏蛋白合成与转运途径相关调控基因表达量发生变化引起的，本研究利用日本晴与麦稻开花后代表性时期种子样品进行转录组分析，用Pheatmap软件比较分析了日本晴与麦稻种子中与稻米贮藏蛋白合成和转运途径相关的调控基因表达情况，结果如图6.5所示。

在6DAF即贮藏蛋白开始合成时，麦稻中的谷蛋白编码基因除$GluB2$外，其余14个基因与日本晴相比显著上调，在12DAF时也是同样的趋势（图6.5a）。而在18DAF和24DAF时，所检测的谷蛋白编码基因在麦稻中的表达量比日本晴整体上呈上调趋势。而水稻种子贮藏蛋白中，约80%为谷蛋白。因此，麦稻种子发育过程中谷蛋白编码基因表达量的上调可能是麦稻糙米和胚乳蛋白含量提高的主要原因之一。

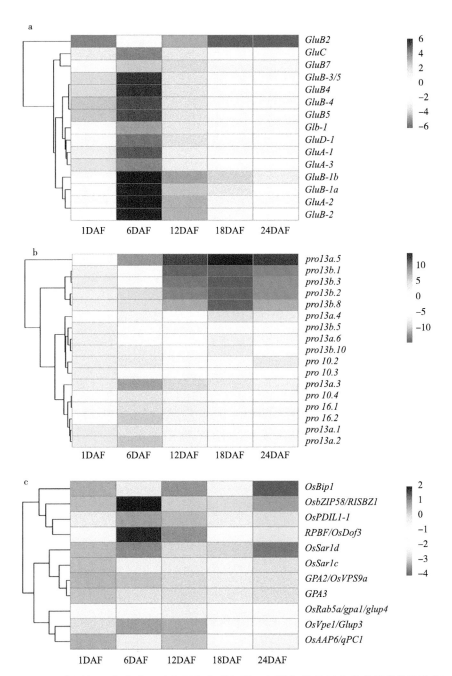

图6.5 麦稻与日本晴种子贮藏蛋白合成与转运调控相关差异表达基因的热图分析

注：a为谷蛋白合成编码相关基因；b为醇溶蛋白合成编码相关基因；c为贮藏蛋白转运调控相关基因。

在所检测的种子发育代表性时期，醇溶蛋白编码基因在麦稻中的表达量整体上要略高于日本晴。其中，麦稻中 *pro13a.5* 基因从6DAF开始一直处于极显著上调状态，而其余的大部分醇溶蛋白编码基因在6DAF时也处于上调阶段（图6.5b）。与日本晴相比，麦稻中的 *pro13b.2* 和 *pro13b.8* 基因从6DAF开始就一直处于显著下调表达状态，而 *pro13b.1* 和 *pro13b.3* 则是从12DAF开始一直处于显著下调表达状态，其余的大部分醇溶蛋白编码基因在12DAF、18DAF和24DAF时处于上调表达状态（图6.5b）。因此，麦稻种子发育过程中醇溶蛋白编码基因表达量整体上的略微上调可能也与麦稻糙米和胚乳蛋白含量的上升相关。

如图6.5c所示，在所检测的种子发育代表性时期，稻米贮藏蛋白转运调控基因在麦稻中的表达量整体上要高于日本晴。其中，部分基因在种子发育的前期1DAF到12DAF显著上调表达，在18DAF时大部分基因显著下调表达，在24DAF时，超过一半的基因显著下调表达。在种子发育阶段，与日本晴相比，麦稻中大部分调控贮藏蛋白转运的基因在种子发育中前期，即1DAF、6DAF和12DAF上调表达，而在种子发育中后期，即18DAF和24DAF下调表达。因此，麦稻种子发育过程中稻米贮藏蛋白转运调控基因表达量整体上调可能也与麦稻糙米和胚乳蛋白含量的上升相关。

为了验证转录组数据的准确性，从图6.5中随机挑选了一些上调和下调表达的基因，如 *GluA1*、*GluB2*、*GluB-1a*、*GluB7*、*GluB-1b*、*GluB4*、*pro13b.3*、*pro13a.2*、*OsSar1d*、*OsbZIP58*、*RPBF*、*OsPDIL1-1* 基因，进行qRT-PCR验证分析。结果如图6.6所示，这些基因的表达趋势与转录组数据中基本一致。

综上所述，*OsMADS1* 可能影响这些基因的表达进而调控稻米贮藏蛋白的合成和转运。

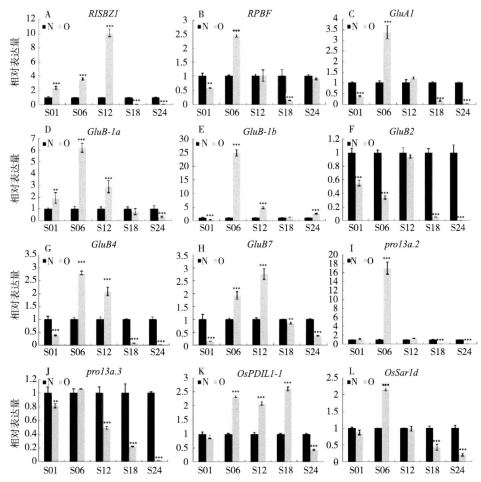

图6.6 麦稻和日本晴中贮藏蛋白合成与转运代表性差异表达调控
基因qRT-PCR验证分析

注：以 *OsActin* 的值作为内参基因用于数据归一化处理，日本晴中基因的相对表达水平设为1。数据以3次重复的平均值±SDS表示。*t* 检验：*$P<0.05$，**$P<0.01$，***$P<0.001$。

6.3.7 转基因水稻中稻米贮藏蛋白含量测定分析

种子特异性启动子 *OsOle18*（*Oleosin18*）可以驱动基因特异性在种子糊粉层和胚中表达，因此可以用来介导抑制基因使其仅在种子中表达（Ali 等，2013；Qu and Takaiwa，2004）。为了从遗传上研究 *OsMADS1* 基因是否调控水稻稻米的贮藏蛋白含量，分析比较了 *OsMADS1* 种子特异性干扰、$OsMADS1^{Olr}$过表达和$OsMADS1$-RNAi转基因株系种子的贮藏蛋白含量，结果如图6.7所示。在$OsMADS1^{Olr}$过表达株系的OE-2和OE-10植株、$OsMADS1$-RNAi株系的Ri-2、Ri-4和Ri-12植株以及p$OsOle18$::$OsMADS1$-RNAi株系的O18-Ri-1、O18-Ri-5和O18-Ri-9植株的糙米贮藏蛋白含量分别为（13.21±0.03）g/100g、（11.19±0.05）g/100g、（14.61±0.13）g/100g、（12.80±0.04）g/100g、（13.66±0.52）g/100g、（10.71±0.08）g/100g、（11.74±0.02）g/100g和（12.96±0.03）g/100g。t检验表明这些转基因株系的糙米贮藏蛋白含量都极显著高于野生型日本晴，与麦稻糙米贮藏蛋白含量极显著升高的情况极其相似。以上$OsMADS1$转基因株系的糙米蛋白含量的测定结果进一步表明，$OsMADS1$基因对稻米贮藏蛋白含量有着重要的调控作用。

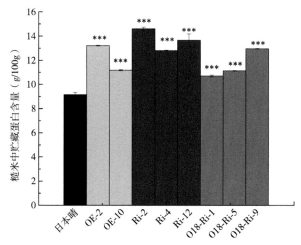

图6.7 $OsMADS1$转基因株系中稻米贮藏蛋白含量的测定和分析

注：数据以3次重复的平均值±SDS表示。t检验：*$P<0.05$，**$P<0.01$，***$P<0.001$。

6.4 讨论

已有关于$OsMADS1$基因的突变体及其功能的研究报道，多集中在$OsMADS1$对水稻小穗和种子形态的调控作用方面，鲜有其调控稻米贮藏蛋白这方面的研究报道（Zhang等，2018；Liu等，2018；Hu等，2015；Sun

等，2015；Gao等，2010；Chen等，2006；Agrawal等，2005；Jeon等，2000；Chen and Zhang，1980；Kinoshita等，1976）。本研究通过分析比较麦稻与日本晴的粒型、千粒重以及种子灌浆过程干物质动态积累差异，推测麦稻的外观品质可能发生变化。进一步研究发现麦稻垩白粒率、垩白度比日本晴的极显著增加，稻米外观品质变差，垩白部分的淀粉颗粒形态发生变异呈不规则的小球状或砾石状，排列疏松。麦稻的这些表型可能是由 OsMADS1^{Olr} 基因突变以及受外界温度等环境因素影响等导致了麦稻粒型变化、内外稃不闭合，进一步导致种子充实灌浆异常。

进一步测定麦稻和日本晴的稻米理化性状指标发现，与日本晴和其他参照品种相比，虽然麦稻的总淀粉、直链淀粉和支链淀粉含量与日本晴存在差异。其中，麦稻稻米的蛋白质含量显著升高，甚至高于一些青稞和小麦品种。进一步利用杜马斯燃烧法验证了麦稻糙米和精米的蛋白质含量都显著高于日本晴。麦稻与日本晴种子发育代表性时期的比较转录组数据分析发现，稻米贮藏蛋白合成与转运调控基因在麦稻中的表达量整体上要高于日本晴，这可能与麦稻糙米和胚乳蛋白含量上升相关。进一步的遗传实验发现，OsMADS1 种子特异性干扰、OsMADS1^{Olr} 过表达和 OsMADS1-RNAi 转基因株系种子的贮藏蛋白含量均极显著高于日本晴，与麦稻糙米贮藏蛋白含量极显著升高的情况极其相似。这进一步表明 OsMADS1 基因对稻米贮藏蛋白含量有着重要的调控作用。

因为麦稻和 OsMADS1 转基因株系在种子贮藏蛋白含量上升的同时也伴随着种子形态的改变，因此麦稻种子贮藏蛋白含量上升可能是由于 OsMADS1^{Olr} 突变导致粒型变化间接引起的。另外，由于 OsMADS1 基因编码的是一个 MADS-box 转录调控因子，因此其编码的 OsMADS1 蛋白也有可能通过与 DEP1 和 GS3 等辅助蛋白形成异源多聚体的形式直接结合到稻米贮藏蛋白合成与转运途径中的相关基因的启动子区域，通过调控这些基因的表达量来直接调控稻米的蛋白含量。另外，OsMADS1 蛋白还可能通过调控稻米贮藏蛋白合成与转运基因的上游控制基因的表达量，来间接调控稻米的蛋白含量。因此，还需要大量的、更深入的遗传学与分子生物学等方面的研究来揭示 OsMADS1 调控水稻贮藏蛋白含量的分子机制。

7 结论与展望

本实验以麦稻为研究材料,对其进行了表型分析、基因定位、功能分析以及比较转录组分析等,主要研究结果如下。

第一,麦稻表现为花器官发生不同程度的数目、形态和结构变异,外稃和内稃叶质化且极显著伸长不闭合,种子发生变异,糙米形态各异,且存在两粒糙米融合形似麦稻的现象,结实率显著降低。

第二,对麦稻候选基因的图位克隆和MBS分析表明野生型*OsMADS1*基因的第1外显子第80位核苷酸在麦稻*OsMADS1*^{Olr}等位基因中由G突变为A,导致*OsMADS1*^{Olr}编码的突变蛋白的MADS域中第27氨基酸发生突变,由Gly(GGC)突变为Asp(GAC)。通过与已报道的*OsMADS1*等位基因进行序列比对发现*OsMADS1*^{Olr}是*OsMADS1*的一个新等位突变基因。

第三,麦稻表型与*OsMADS1*^{Olr}突变位点的关联性分析表明二者具有关联性,说明可能是*OsMADS1*^{Olr}中的突变位点导致了麦稻表型。

第四,OsMADS1^{Olr}突变位点处的氨基酸保守性分析发现,该突变位点对应的野生型氨基酸在MADS-box蛋白家族的MADS域中高度保守,可能对OsMADS1发挥其正常转录调控功能具有至关重要的作用。

第五,*OsMADS1*的qRT-PCR表达谱分析结果表明该基因在花和种子发育的早期阶段表达量相对较高,GUS组织特异性表达分析结果进一步表明该基因主要在种子发育前期种子外稃、内稃和种皮,以及发育种子的胚、部分胚乳和糊粉层中表达,据此推测*OsMADS1*对水稻粒型和稻米品质可能具有重要的调控作用。

第六,分析*OsMADS1*^{Olr}过表达植株和*OsMADS1*-RNAi植株的谷粒表型,发现这些转基因植株中出现的内外稃显著伸长且不闭合的异常谷粒表型与麦稻极其相似,证明了的确是*OsMADS1*^{Olr}导致了麦稻表型,并且

$OsMADS1$基因对水稻粒型具有十分重要的调控作用。

第七，利用qRT-PCR分析谷粒发育相关的代表性调控基因的表达，发现与日本晴对照相比，绝大多数基因的表达水平在麦稻、$OsMADS1^{Olr}$过表达植株和$OsMADS1$-RNAi植株中都发生了显著性变化，并且多数基因各自的表达趋势在这3种植株中十分相似，表明$OsMADS1$基因可能通过影响这些基因的表达水平进而调控谷粒形状。

第八，通过干物质积累曲线分析发现，麦稻谷粒和糙米的干物质积累趋势与日本晴总体类似，但也存在一定的差异，不同时间节点的干物质增长速率有所不同。从18DAF开始，麦稻谷粒和糙米的干物质重量均小于日本晴，最终导致麦稻的千粒重极显著低于日本晴。同时，麦稻与日本晴谷粒和糙米干物质积累曲线的差异反映了二者的稻米品质可能也存在差异。

第九，分析麦稻及其对应群体麦稻粒型与正常粒型种子的稻米理化性质等结果，表明麦稻稻米淀粉含量降低同时贮藏蛋白含量较高，并且这可能是由$OsMADS1^{Olr}$基因突变引起的。

第十，对种子发育阶段麦稻和日本晴的转录组差异表达基因进行热图分析，发现麦稻种子中的大部分贮藏蛋白合成和转运调控基因的表达量上调，表明$OsMADS1$可能通过影响这些基因的表达来调控稻米贮藏蛋白的合成和转运，从而控制稻米的贮藏蛋白含量。

第十一，$OsMADS1^{Olr}$过表达、$OsMADS1$-RNAi植株和$pOsOle18$::$OsMADS1$-RNAi植株的稻米贮藏蛋白含量测定发现，这些转基因植株稻米中的贮藏蛋白含量相比日本晴也显著升高，进一步表明$OsMADS1$基因对稻米贮藏蛋白含量有着重要的调控作用。

综上所述，本研究结果表明$OsMADS1$基因对水稻粒型和稻米贮藏蛋白含量具有十分重要的调控作用。

到目前为止，已鉴定出许多$OsMADS1$基因的等位突变体和水稻材料，已有研究还发现该基因主要参与水稻花发育调控，也参与水稻粒型调控，本研究利用麦稻特异材料进一步研究了$OsMADS1$基因调控水稻粒型的重要功能。本研究还发现$OsMADS1$基因对稻米品质和贮藏蛋白含量也有十分重要的调控作用。

但是本研究仍然存在许多不足的地方。第一，本研究虽然发现$OsMADS1$

基因可能通过影响*DEP1*、*GGC2*、*RGB1*、*GS3*、*GW2*、*GW5*、*GW8*和*OsBC1*基因的表达水平来调控水稻粒型，但其中详细的分子调控机制却并不清楚，也没有鉴定出直接受OsMADS1蛋白调控的新靶基因，或与OsMADS1蛋白互作调控水稻粒型的新互作蛋白。第二，本研究通过多个方面的研究结果表明*OsMADS1*对水稻贮藏蛋白含量具有重要的调控作用，但未鉴定出直接受OsMADS1蛋白调控的蛋白合成与转运途径中的新靶基因。第三，本研究也未验证OsMADS1蛋白与已报道的稻米贮藏蛋白转运调控蛋白，例如OsSar1d、OsbZIP58、RPBF和OsPDIL1-1等是否存在互作关系。第四，本研究也未阐明*OsMADS1*基因调控稻米贮藏蛋白含量的具体分子机制。在未来的研究中，这些问题值得进一步深入研究以阐明*OsMADS1*基因调控水稻粒型与稻米贮藏蛋白含量的分子网络与机理。

参考文献

陈韦韦，2011. 水稻小粒矮秆突变体 *sgdl*（*t*）的表型分析及基因精细定位[D]. 南京：南京农业大学.

符福鸿，王丰，黄文剑，等，1993. 杂交水稻谷粒性状的遗传分析[J]. 作物学报，20（1）：39-45.

刘坚，郭龙彪，钱前，2007. 水稻花器官发育基因的研究进展[J]. 中国稻米，3（3）：8-9.

罗琼，朱立煌，2002. 水稻花发育的分子生物学研究进展[J]. 遗传，24（1）：87-93.

曲耀训，2019. 水稻田主要除草剂种类与应用性能简明梳理[J]. 今日农药，239（2）：14-20.

石春海，申宗坦，1996. 籼稻粒形及产量性状的加性相关和显性相关分析[J]. 作物学报，22（1）：36-42.

石春海，吴建国，蒋淑丽，2003. 籼稻稻米粒长和粒宽性状的发育遗传研究[C]//中国作物学会水稻产业分会成立大会暨首届中国稻米论坛论文集. 杭州：96-99.

汪勇，2011. 水稻杂种花粉不育的细胞学研究及两个杂种花粉不育基因的精细定位[D]. 南京：南京农业大学.

吴成，李秀兰，2003. 一个新的水稻小粒矮秆突变基因的遗传鉴定[J]. 中国水稻科学，17（2）：100-104.

熊振民，孔繁林，1982. 水稻粒重的超亲遗传及其在育种中的应用[J]. 浙江大学学报（农业与生命科学版）（1）：21-29.

ABE Y，MIEDA K，ANDO T，et al.，2010. The *SMALL AND ROUND SEED1*（*SRS1/DEP2*）gene is involved in the regulation of seed size in rice[J]. Genes Genetic Systems，85（5）：327-339.

AGRAWAL G K，ABE K，YAMAZAKI M，et al.，2005. Conservation of the E-function for floral organ identity in rice revealed by the analysis of tissue culture-induced loss-of-function mutants of the *OsMADS1* gene[J]. Plant Molecular Biology, 59（1）：125-135.

ALI N, PAUL S, GAYEN D, et al., 2013. Development of low phytate rice by RNAi mediated seed-specific silencing of inositol 1, 3, 4, 5, 6-pentakisphosphate 2-kinase gene（*IPK1*）[J]. PLoS One, 8（7）：e68161.

AMBROSE B A, LERNER D R, CICERI P, et al., 2000. Molecular and genetic analyses of the *silky1* gene reveal conservation in floral organ specification between eudicots and monocots[J]. Molecular Cell, 5（3）：569-579.

ANGENENT G C, FRANKEN J, BUSSCHER M, et al., 1995. A novel class of MADS box genes is involved in ovule development in petunia[J]. Plant Cell, 7（10）：1569-1582.

ARORA R, AGARWAL P, RAY S, et al., 2007. MADS-box gene family in rice：genome-wide identification, organization and expression profiling during reproductive development and stress[J]. BMC Genomics, 8：242.

ASHIKARI M, SAKAKIBARA H, LIN S, et al., 2005. Cytokinin oxidase regulates rice grain production[J]. Science, 309（5735）：741-745.

ASHIKARI M, WU J, YANO M, et al., 1999. Rice gibberellin-insensitive dwarf mutant gene *Dwarf 1* encodes the *α*-subunit of GTP-binding protein[J]. Proceeding of the National Academy Sciences, 96（18）：10 284-10 289.

AZIZI P, RAFII M, ABDULLAH S, et al., 2016. Toward understanding of rice innate immunity against *Magnaporthe oryzae*[J]. Critical Reviews in Biotechnology, 36（3）：165-174.

AZIZI P, RAFII M, MAZIAH M, et al., 2015. Understanding the shoot apical meristem regulation：a study of the phytohormones, auin and cytokinin, in rice[J]. Mechanisms of Development, 135（5）：1-15.

BAI A N, LU X D, LI D Q, et al., 2016. NF-YB1-regulated expression of sucrose transporters in aleurone facilitates sugar loading to rice endosperm[J]. Cell Research, 26（11）：384.

参考文献

BAI M Y, ZHANG L Y, GAMPALA S S, et al., 2007. Functions of OsBZR1 and 14-3-3 proteins in brassinosteroid signaling in rice[J]. Proceeding of the National Academy Sciences, 104（34）: 13 839-13 844.

BANGERTH F. Dominance among fruits/sinks and the search for a correlative signal[J]. Physiology Plant, 989, 76（4）: 608-614.

BAO J, JIN L, XIAO P, et al., 2008. Starch physicochemical properties and their associations with microsatellite alleles of starch-synthesizing genes in a rice RIL population[J]. Journal of Agricultural & Food Chemistry, 56（5）: 1589-1594.

BRINTON J, SIMMONDS J, UAUY C, 2018. Ubiquitin-related genes are differentially expressed in isogenic lines contrasting for pericarp cell size and grain weight in hexaploid wheat[J]. BMC Plant Biology, 18（1）: 22.

BUNDO M, MONTESINOS L, IZQUIERDO E, et al., 2014. Production of cecropin a antimicrobial peptide in rice seed endosperm[J]. BMC Plant Biology, 14（1）: 102.

CAI H, CHEN Y, ZHANG M, et al., 2017. A novel gRAS transcription factor, *ZmGRAS20*, regulates starch biosynthesis in rice endosperm[J]. Physiology & Molecular Biology of Plants, 23（1）: 143-154.

CAI Y, LI S, JIAO G, et al., 2018. *OsPK2* encodes a plastidic pyruvate kinase involved in rice endosperm starch synthesis, compound granule formation and grain filling[J]. Plant Biotechnology Journal, 16（2）: 1878-1891.

CHE R H, TONG H N, SHI B H, et al., 2015. Control of grain size and rice yield by *GL2*-mediated brassinosteroid responses[J]. Nature Plants, 2: 15195.

CHEN J Q, ZHANG Y L, 1980. The breeding and utilization of naked seed rice[J]. Journal of Genetic Genomics, 7（2）: 185-188.

CHEN J, GAO H, ZHENG X M, et al., 2015. An evolutionarily conserved gene, *FUWA*, plays a role in determining panicle architecture, grain shape and weight in rice[J]. Plant Journal, 83（3）: 427-438.

CHEN J, ZHANG J, LIU H, et al., 2012. Retraction notice to: molecular strategies in manipulation of the starch synthesis pathway for improving storage starch content in plants[J]. Plant Physiology & Biochemistry, 61 (6): 1-8.

CHEN Z X, WU J G, DING W N, et al., 2006. Morphogenesis and molecular basis on naked seed rice, a novel homeotic mutation of *OsMADS1* regulating transcript level of *AP3* homologue in rice[J]. Planta, 223 (5): 882-890.

CHO H T, KENDE H, 1997. Expression of expansin genes is correlated with growth in deepwater rice[J]. Plant Cell, 9 (9): 1661-1671.

CHOI B S, KIM Y J, MARKKANDAN K, et al., 2018. GW2 functions as an E3 ubiquitin ligase for rice expansin-like 1[J]. International Journal of Molecular Sciences, 19 (7): 1904.

CHU C Y, LU Z H, WANG X, et al., 2016. OsSET7, a homologue of ARABIDOPSIS TRITHORAX-RELATED protein that plays a role in grain elongation regulation in rice[J]. Agri Gene, 1 (8): 135-142.

CHUNG Y Y, KIM S R, FINKEL D, et al., 1994. An GH Early flowering and reduced apical dominance result from ectopic expression of a rice MADS box gene[J]. Plant Molecular Biology, 26 (2): 657-665.

COEN E S, MEYEROWITZ E M, 1991. The war of the whorls: genetic interactions controlling flower development[J]. Nature, 353 (6339): 31-37.

CUI R F, HAN J K, ZHAO S Z, et al., 2010. Functional conservation and diversification of class E floral homeotic genes in rice (*Oryza sativa*)[J]. Plant Journal, 61 (5): 767-781.

DITTA G, PINYOPICH A, ROBLES P, et al., 2004. The *SEP4* gene of *Arabidopsis thaliana* functions in floral organ and meristem identity[J]. Current Biology, 14 (21): 1935-1940.

DUAN P G, XU J S, ZENG D L, et al., 2017. Natural variation in the promoter of *GSE5* contributes to grain size diversity in rice[J]. Molecular Plant, 10 (5): 685-694.

参考文献

DUAN P, RAO Y, ZENG D, et al., 2014. *SMALL GRAIN 1*, which encodes a mitogen-activated protein kinase kinase 4, influences grain size in rice[J]. Plant Journal, 77(4): 547-557.

FAN C, XING Y, MAO H, et al., 2006. *GS3*, a major QTL for grain length and weight and minor QTL for grain width and thickness in rice, encodes a putative transmembran protein[J]. Theoretical and Applied Genetics, 112(6): 1164-1171.

FENG Z M, WU C, WANG C, et al., 2016. *SLG* controls grain size and leaf angle by modulating brassinosteroid homeostasis in rice[J]. Journal of Experimental Botany, 67(4): 4241-4253.

FERRARIO S, IMMINK R G, ANGENENT G C, 2004. Conservation and diversity in flower land[J]. Current Opinion in Plant Biology, 7(1): 84-91.

FU F F, XUE H W, 2010. Coexpression analysis identifies Rice Starch Regulator1, a rice AP2/EREBP family transcription factor, as a novel rice starch biosynthesis regulator[J]. Plant Physiology, 154: 927-938.

FUJISAWA Y, KATO T, OHKI S, et al., 1999. Suppression of the heterotrimeric G protein causes abnormal morphology, including dwarfism, in rice[J]. Proceeding of National Academy Sciences, 96(13): 7575-7580.

FUJITA N, TOYOSAWA Y, UTSUMI Y, et al., 2009. Characterization of pullulanase (PUL)-deficient mutants of rice (*Oryza sativa* L.) and the function of PUL on starch biosynthesis in the developing rice endosperm[J]. Journal of Experimental Botany, 60(3): 1009-1023.

GAO X C, LIANG W Q, YIN C S, et al., 2010. The *SEPALLATA*-Like gene *OsMADS34* is required for rice inflorescence and spikelet development[J]. Plant Physiology, 153(2): 728-740.

GAO X Y, ZHANG J Q, ZHANG X J, et al., 2019. Rice qGL3/OsPPKL1 functions with the GSK3/SHAGGY-like kinase OsGSK3 to modulate brassinosteroid signaling[J]. The Plant Cell, 31(5): 1077-1093.

GAO X Y, ZHANG X J, LAN H G, et al., 2015. The additive effects of *GS3* and q*GL3* on rice grain length regulation revealed by genetic and transcriptome comparisons[J]. BMC Plant Biology, 15（4）: 156.

GOFF S A, CONE K C, FROMM M E, 1991. Identification of functional domains in the maize transcriptional activator C1: comparison of wild-type and dominant inhibitor proteins[J]. Gene Development, 5（2）: 298-309.

GUO L, MA L, JIANG H, et al., 2009. Genetic analysis and fine mapping of two genes for grain shape and weight in rice[J]. Journal Integrative Plant Biology, 51（1）: 45-51.

GUO T, CHEN K, DONG N Q, et al., 2018. *GRAIN SIZE AND NUMBER1* negatively regulates the OsMKKK10-OsMKK4-OsMPK6 cascade to coordinate the trade-off between grain number per panicle and grain size in rice[J]. Plant Cell, 30（3）: 871-888.

HAN X H, WANG Y H, LIU X, et al., 2012. The failure to express a protein disulphide isomerase-like protein results in a floury endosperm and an endoplasmic reticulum stress response in rice[J]. Journal of Experimental Botany, 63（1）: 121-130.

HAUBRICK L, ASSMANN S, 2006. Brassinosteroids and plant function: some clues, more puzzles[J]. Plant Cell Environment, 29（3）: 446-457.

HEANG D, SASSA H, 2012. An atypical bHLH protein encoded by *POSITIVE REGULATOR OF GRAIN LENGTH 2* is involved in controlling grain length and weight of rice through interaction with a typical bHLH protein APG[J]. Breeding Science, 62（2）: 133-141.

HEANG D, SASSA H, 2012. Antagonistic actions of HLH/bHLH proteins are involved in grain length and weight in rice[J]. PLoS One, 7（2）: e31325.

HERSHKO A, CIECHANOVER A, 1998. The ubiquitin system[J]. Annual Review Biochemistry, 67（2）: 425-479.

HERSKOWITZ I, 1987. Functional inactivation of genes by dominant negative mutations[J]. Nature, 329（6136）: 219-222.

HIEI Y, OHTA S, KOMARI T, et al., 1994. Efficient transformation of rice (*Oryza Sativa* L.) mediated by *Agrobacterium* and sequence-analysis of the boundaries of the T-DNA[J]. Plant Journal, 6(2): 271-282.

HIROKAWA N, NODA Y, 2008. Intracellular transport and kinesin superfamily proteins, KIFs: structure, function, and dynamics[J]. Physiological Reviews, 88(3): 1089-1118.

HONG Z, UEGUCHI-TANAKA M, FUJIOKA S, et al., 2005. The rice *brassinosteroid-deficient dwarf2* mutant, defective in the rice homolog of Arabidopsis DIMINUTO/DWARF1, is rescued by the endogenously accumulated alternative bioactive brassinosteroid, dolichosterone[J]. Plant Cell, 17(8): 2243-2254.

HONG Z, UEGUCHI-TANAKA M, UMEMURA K, et al., 2003. A rice brassinosteroid-deficient mutant, *ebisu dwarf* (*d2*), is caused by a loss of function of a new member of cytochrome P450[J]. Plant Cell, 15(12): 2900-2910.

HU J, WANG Y, FANG Y, et al., 2015. A rare allele of *GS2* enhances grain size and grain yield in rice[J]. Molecular Plant, 8(1): 1455-1465.

HU X, QIAN Q, XU T, et al., 2013. The U-box E3 ubiquitin ligase TUD1 functions with a heterotrimeric G α subunit to regulate brassinosteroid-mediated growth in rice[J]. PLoS Genetics, 9(3): e1003391.

HU Y, LIANG W Q, YIN C S, et al., 2015. Interactions of *OsMADS1* with floral homeotic genes in rice flower development[J]. Moleculer Plant, 8(4): 1366-1384.

HU Z, HE H, ZHANG S, et al., 2012. A kelch motif-containing serine/threonine protein phosphatase determines the large grain QTL trait in rice[J]. Journal of Integrative Plant Biology, 54(12): 979-990.

HU Z, LU S J, WANG M J, et al., 2018. A novel QTL q*TGW3* encodes the GSK3/SHAGGY-like kinase OsGSK5/OsSK41 that interacts with OsARF4 to negatively regulate grain size and weight in rice[J]. Moleculer Plant, 11(5): 736-749.

HUANG K, WANG D, DUAN P, et al., 2017. *WIDE AND THICK GRAIN 1*, which encodes an otubain-like protease with deubiquitination activity, influences grain size and shape in rice[J]. Plant Journal, 91（3）: 849-860.

HUANG X Z, QIAN Q, LIU Z B, et al., 2009. Natural variation at the *DEP1* locus enhances grain yield in rice[J]. Nature Genetics, 41（4）: 494-497.

IKEDA K, SUNOHARA H, NAGATO Y, 2004. Developmental course of inflorescence and spikelet in rice[J]. Breeding science, 54（2）: 147-156.

ISHIMARU K, HIROTSU N, MADOKA Y, et al., 2013. Loss of function of the IAA-glucose hydrolase gene *TGW6* enhances rice grain weight and increases yield[J]. Nature Genetics, 45（6）: 707-711.

JANG S, AN G, LI HY, 2017. Rice leaf angle and grain size are affected by the OsBUL1 transcriptional activator complex[J]. Plant Physiology, 173（1）: 688-702.

JEON J S, JANG S, LEE S, et al., 2000. Leafy hull sterile1 is a homeotic mutation in a rice MADS box gene affecting rice flower development[J]. Plant Cell, 12（6）: 871-884.

JIA S Z, XIONG Y F, XIAO P P, et al., 2019. *OsNF-YC10*, a seed preferentially expressed gene regulates grain width by affecting cell proliferation in rice[J]. Plant Science, 280（10）: 219-227.

JIANG Y, BAO L, JEONG S Y, et al., 2012. *XIAO* is involved in the control of organ size by contributing to the regulation of signaling and homeostasis of brassinosteroids and cell cycling in rice[J]. Plant Journal, 70（3）: 398-408.

JIAO Y, WANG Y, XUE D, et al., 2010. Regulation of *OsSPL14* by OsmiR156 defines ideal plant architecture in rice[J]. Nature Genetics, 42（6）: 541-544.

JIN J, HUA L, ZHU Z, et al., 2016. *GAD1* encodes a secreted peptide that regulates grain number, grain length and awn development in rice domestication[J]. Plant Cell, 28（10）: 2453-2463.

JIN Z X, TONG L G, LI D, et al., 2017. Effect of grain-filling nitrogen on yield increasing and starch quality in rice[J]. Journal of Northeast Agricultural University, 48 (4): 1-6.

JULIANO B O, 1972. The rice caryopsis and its composition[M]//HOUSTON D F, et al. Rice chemistry and technology. Eagan: American Association of Cereal Chemists.

KAHAR U M, NG C L, CHAN K G, et al., 2016. Characterization of a type I pullulanase from *Anoxybacillus*, sp. SK3-4 revcals an unusual substrate hydrolysis[J]. Applied Microbiology & Biotechnology, 100 (14): 6291-6307.

KAMIYA K, 2017. Theoretical study on the reaction mechanism of adenylate kinase by QM/MM method[J]. Plant Journal, 61 (6): 1067-1091.

KANG H G, PARK S, MATSUOKA M, et al., 2005. White-core endosperm *floury endosperm-4* in rice is generated by knockout mutations in the C_4-type pyruvate orthophosphate dikinase gene (*OsPPDKB*) [J]. Plant Journal, 42 (6): 901-911.

KATO T, SAKURAI N, KURAISHI S, 1993. The changes of endogenous abscisic acid in developing grain of two rice cultivars with different grain size[J]. Japanese Journal of Crop Science, 62 (3): 456-461.

KATO T, TAKEDA K, 1993. Endogenous abscisic acid in developing grains on primary and secondary branches of rice (*Oryza sativa* L.) [J]. Japanese Journal of Crop Science, 62 (4): 636-637.

KAWAKATSU T, YAMAMOTO M P, TOUNO S M, et al., 2009. Compensation and interaction between RISBZ1 and RPBF during grain filling in rice[J]. Plant Journal, 59 (6): 908-920.

KHANDAY I, DAS S, CHONGLOI GL, et al., 2016. Genome-wide targets regulated by the *OsMADS1* transcription factor reveals its DNA recognition properties[J]. Plant Physiology, 172: 372-388.

KHANDAY I, YADAV SR, VIJAYRAGHAVAN U, 2013. Rice *LHS1/OsMADS1* controls floret meristem specification by coordinated regulation of transcription factors and hormone signaling pathways[J]. Plant

Physiology, 161 (4): 1970-1983.

KIM S, SON T, PARK S, 2006. Influences of gibberellin and auxin on endogenous plant hormone and starch mobilization during rice seed germination under salt stress[J]. Journal of Environment Biology, 27 (4): 181.

KINOSHITA T, HIDANO Y, TAKAHASHI M E, 1976. A mutant 'long hull sterile' found out in the rice variety, 'Sorachi': genetical studies on rice plant LXVⅡ[J]. Memoirs of Faculty of Agriculture Hokkaido University, 10 (1): 247-268.

KITAGAWA K, KURINAMI S, OKI K, et al., 2010. A novel kinesin 13 protein regulating rice seed length[J]. Plant Cell & Physiology, 51 (8): 1315-1329.

KONG F N, WANG J Y, ZOU J C, et al., 2007. Molecular tagging and mapping of the erect panicle gene in rice[J]. Molecular Breeding, 19 (4): 297-304.

KRISHNAN S, DAYANANDAN P, 2003. Structural and histochemical studies on grain-filling in the caryopsis of rice (*Oryza sativa* L.) [J]. Journal of Biosciences, 28 (4): 455-469.

KUMPEANGKEAW A, TAN D G, FU L L, et al., 2009. Asymmetric birth and death of type Ⅰ and type Ⅱ MADS-box gene subfamilies in the rubber tree facilitating laticifer development[J]. PLoS One, 14: e0214335.

LI D, WANG L, WANG M, et al., 2009. Engineering *OsBAK1* gene as a molecular tool to improve rice architecture for high yield[J]. Plant Biotechnology Journal, 7 (14): 791-806.

LI H, JIANG L, YOUN J H, et al., 2013. A comprehensive genetic study reveals a crucial role of *CYP90D2/D2* in regulating plant architecture in rice (*Oryza sativa*) [J]. New Phytologist, 200 (4): 1076-1088.

LI H F, LIANG W Q, JIA R D, et al., 2010. The *AGL6*-like gene *OsMADS6* regulates floral organ and meristem identities in rice[J]. Cell Research, 20 (3): 299-313.

LI J F, NORVILLE J E, AACH J, et al., 2013. Multiplex and homologous recombination-mediated genome editing in *Arabidopsis* and *Nicotiana benthamiana* using guide RNA and Cas9[J]. Nature Biotechnology, 31 (8): 688-691.

LI J, CHU H, ZHANG Y, et al., 2012. The rice *HGW* gene encodes an ubiquitin-associated (UBA) domain protein that regulates heading date and grain weight[J]. PLoS One, 7 (3): e34231.

LI J, JIANG J, QIAN Q, et al., 2011. Mutation of rice *BC12/GDD1*, which encodes a kinesin-like protein that binds to a GA biosynthesis gene promoter, leads to dwarfism with impaired cell elongation[J]. Plant Cell, 23 (2): 628-640.

LI N, LI Y, 2014. Ubiquitin-mediated control of seed size in plants[J]. Front Plant Science, 5: 332.

LI N, LI Y, 2016. Signaling pathways of seed size control in plants[J]. Current Opinion in Plant Biology, 33: 23-32.

LI N, XU R, DUAN P G, et al., 2018. Control of grain size in rice[J]. Plant Reproduction, 31: 237-251.

LI S, LIU Y, ZHENG L, et al., 2012. The plant-specific G protein r subunit AGG3 influences organ size and shape in *Arabidopsis thaliana*[J]. New Phytologist, 194 (10): 690-703.

LI S, ZHOU B, PENG X, et al., 2014. *OsFIE2* plays an essential role in the regulation of rice vegetative and reproductive development[J]. New Phytology, 201 (1): 66-79.

LI W, WU J, WENG S, et al., 2010. Identification and characterization of *dwarf 62*, a loss-of-function mutation in *DLT/OsGRAS-32* affecting gibberellin metabolism in rice[J]. Planta, 232 (6): 1383-1396.

LI X B, TAO Q D, MIAO J, et al., 2019. Evaluation of differential qPE9-1/DEP1 protein domains in rice grain length and weight variation[J]. Rice, 12 (1): 5.

LI X, SUN L, TAN L, et al., 2012. *TH1*, a DUF640 domain-like gene controls lemma and palea development in rice[J]. Plant Molecular Biology, 78（4-5）：351-359.

LI Y B, FAN C C, XING Y Z, et al., 2011. Natural variation in *GS5* plays an important role in regulating grain size and yield in rice[J]. Nature Genetics, 43：1266-1269.

LI Z, CHENG Y, CUI J, et al., 2015. Comparative transcriptome analysis reveals carbohydrate and lipid metabolism blocks in *Brassica napus* L. male sterility induced by the chemical hybridization agent monosulfuron ester sodium[J]. BMC Genomics, 16（1）：206.

LIU J F, CHEN J, ZHENG X M, et al., 2017. *GW5* acts in the brassinosteroid signalling pathway to regulate grain width and weight in rice[J]. Nature plants, 3：17043.

LIU L, TONG H, XIAO Y, et al., 2015. Activation of Big Grain1 significantly improves grain size by regulating auxin transport in rice[J]. Proceeding of the National Academy of Science, 112（35）：11 102-11 107.

LIU Q, HAN R X, WU K, et al., 2018. G-protein βγ subunits determine grain size through interaction with MADS-domain transcription factors in rice[J]. Nature Communication, 9（1）：852.

LIU S, HUA L, DONG S, et al., 2015. OsMAPK6, a mitogen-activated protein kinase, influences rice grain size and biomass production[J]. Plant Journal, 84（4）：672-681.

LONG W, WANG Y, ZHU S, et al., 2018. *FLOURY SHRUNKEN ENDOSPERM1* connects phospholipid metabolism and amyloplast development in rice[J]. Plant Physiology, 177：698-712.

LUO J, LIU H, ZHOU T, et al., 2013. *An-1* encodes a basic helix-loop-helix protein that regulates awn development, grain size, and grain number in rice[J]. Plant Cell, 25（9）：3360-3376.

LUO Y K, ZHU Z W, CHEN N, et al., 2004. Grain types and related quality characteristics of rice in China[J]. Chinese Journal Rice Science,

18: 135-139.

MAO H, SUN S, YAO J, et al., 2010. Linking differential domain functions of the GS3 protein to natural variation of grain size in rice[J]. Proceedings of the National Academy Science, 107 (45): 19 579-19 584.

MATSUSHIMA R, MAEKAWA M, KUSANO M, et al., 2016. Amyloplast membrane protein SUBSTANDARD STARCH GRAIN6 controls starch grain size in rice endosperm[J]. Plant Physiology, 170: 1445-1459.

MIURA K, IKEDA M, MATSUBARA A, et al., 2010. OsSPL14 promotes panicle branching and higher grain productivity in rice[J]. Nature Genetics, 42 (6): 545-549.

MIZUKAMI Y, HUANG H, TUDOR M, et al., 1996. Functional domains of the floral regulator AGAMOUS: characterization of the DNA binding domain and analysis of dominant negative mutations[J]. The Plant Cell, 8 (5): 831-845.

MORI M, NOMURA T, OOKA H, et al., 2002. Isolation and characterization of a rice dwarf mutant with a defect in brassinosteroid biosynthesis[J]. Plant Physiology, 130 (3): 1152-1161.

NAGASAWA N, MIYOSHI M, SANO Y, et al., 2003. SUPERWOMAN1 and DROOPING LEAF genes control floral organ identity in rice[J]. Development, 130 (4): 705-718.

NAKAMURA Y, UTSUMI Y, SAWADA T, et al., 2010. Characterization of the reactions of starch branching enzymes from rice endosperm[J]. Plant and Cell Physiology, 51 (50): 776-794.

NAKASE M, HOTTA H, ADACHI T, et al., 1996. Cloning of the rice seed alpha-globulin-encoding gene: sequence similarity of the 5'-flanking region to those of the genes encoding wheat high-molecular-weight glutenin and barley D hordein[J]. Gene, 170 (2): 223-226.

OHMORI S, KIMIZU M, SUGITA M, et al., 2009. MOSAIC FLORAL ORGANS1, an AGL6-Like MADS-Box gene, regulates floral organ identity and meristem fate in rice[J]. Plant Cell, 21（10）: 3008-3025.

OLSEN O A, LINNESTAD C, NICHOLS S E, 1999. Developmental biology of the cereal endosperm[J]. Trends Plant Science, 4（7）: 253-257.

PAN S J AND REECK G R, 1988. Isolation and characterization of rice α-globulin[J]. Cereal Chemistry, 65（2）: 316-319.

PARK C H, KIM T W, SON S H, et al., 2010. Brassinosteroids control *AtEXPA5* gene expression in *Arabidopsis thaliana*[J]. Phytochemistry, 71（4）: 380-387.

PELAZ S, DITTA G S, BAUMANN E, et al., 2000. B and C floral organ identity functions require *SEPALLATA* MADS-box genes[J]. Nature, 405（6783）: 200-203.

PENG B, SUN Y F, LI R Q, et al., 2016. Progress in genetic research on rice chalkiness[J]. Journal of Xinyang Normal University（Natural Science Edition）, 29（2）: 304-312.

PENG B, KONG H L, LI Y B, et al., 2014. *OsAAP6* functions as an important regulator of grain protein content and nutritional quality in rice[J]. Nature Communications, 5: 4847.

PENG B, SUN Y F, PANG R H, 2017. Genetic of rice seed protein content: a review[J]. Journal of Southern Agriculture, 48（3）: 401-407.

PENG C, WANG Y, LIU F, et al., 2014. *FLOURY ENDOSPERM6* encodes a CBM48 domain-containing protein involved in compound granule formation and starch synthesis in rice endosperm[J]. Plant Journal, 77（3）: 917-930.

PENG H, ZHANG Q, LI Y D, et al., 2009. A putative leucine-rich repeat receptor kinase, OsBRR1, is involved in rice blast resistance[J]. Planta, 230: 377-385.

PRASAD K, PARAMESWARAN S, VIJAYRAGHAVAN U, 2005. *OsMADS1*, a rice MADS-box factor, controls differentiation of specific cell types in the lemma and palea and is an early-acting regulator of inner floral organs[J]. Plant Journal, 43（6）: 915-928.

PRASAD K, SRIRAM P, KUMAR C S, et al., 2001. Ectopic expression of rice *OsMADS1* reveals a role in specifying the lemma and palea, grass floral organs analogous to sepals[J]. Development Genes & Evolution, 211 (6): 281-290.

QI P, LIN Y S, SONG X J, et al., 2012. Thenovel quantitative trait locus *GL3. 1* controls rice grain size and yield by regulating Cyclin-T1; 3[J]. Cell Research, 22 (12): 1666-1680.

QIN R, ZENG D D, YANG C C, et al., 2018. *LTBSG1*, a new allele of *BRD2*, regulates panicle and grain development in rice by brassinosteroid biosynthetic pathway[J]. Genes, 9 (6): 1-22.

QIU X, GONG R, TAN Y, et al., 2012. Mapping and characterization of the major quantitative trait locus *qSS7* associated with increased length and decreased width of rice seeds[J]. Theoretical and Applied Genetics, 125 (8): 1717-1726.

QU L Q, XING Y P, LIU W X, et al., 2008. Expression pattern and activity of six glutelin gene promoters in transgenic rice[J]. Journal of Experimental Botany, 59 (9): 2417-2424.

QU L, TAKAIWA F, 2004. Evaluation of tissue specificity and expression strength of rice seed component gene promoters in transgenic rice[J]. Plant Biotechnology Journal, 2 (2): 113-125.

REN D, RAOY, WU L, et al., 2016. The pleiotropic *ABNORMAL FLOWER AND DWARF1* affects plant height, floral development and grain yield in rice[J]. Journal of Integrative Plant Biology, 58 (6): 529-539.

REN Y, WANG Y, LIU F, et al., 2014. *GLUTELIN PRECURSOR ACCUMULATION3* encodes a regulator of post-golgi vesicular traffic essential for vacuolar protein sorting in rice endosperm[J]. Plant Cell, 26 (1): 410-425.

SAKAMOTO T, MORINAKA Y, OHNISHI T, et al., 2006. Erect leaves caused by brassinosteroid deficiency increase biomass production and grain yield in rice[J]. Nature Biotechnology, 24 (1): 105-109.

SCHWARZ-SOMMER Z, SOMMER H, 1990. Genetic control of flower development by homeotic genes in *Antirrhinum majus*[J]. Science, 250 (4983): 931-936.

SEGAMI S, KONO I, ANDO T, et al., 2012. *Small and round seed 5* gene encodes alpha-tubulin regulating seed cell elongation in rice[J]. Rice, 5 (1): 4.

SEGAMI S, TAKEHARA K, YAMAMOTO T, et al., 2017. Overexpression of *SRS5* improves grain size of brassinosteroid-related dwarf mutants in rice (*Oryza sativa* L.)[J]. Breeding Science, 67 (4): 393-397.

SHE K C, KUSANO H, KOIZUMI K, et al., 2010. A novel factor *FLOURY ENDOSPERM 2* is involved in regulation of rice grain size and starch quality[J]. Plant Cell, 22 (10): 3280-3294.

SHORROSH B S, WEN L A, 1992. Novel cereal storage protein: molecular genetics of the 19kDa globulin of rice[J]. Plant Molecular Biology, 18 (1): 151-154.

SI L, CHEN J, HUANG X, et al., 2016. *OsSPL13* controls grain size in cultivated rice[J]. Nature Genetics, 48 (4): 447-456.

SILVER D M, KOTTING O, MOORHEAD G B G, 2014. Phosphoglucan phos phatase function sheds light on starch degradation[J]. Trends in Plant Science, 19 (7): 471-478.

SONG X J, HUANG W, SHI M, et al., 2007. A QTL for rice grain width and weight encodes a previously unknown RING-type E3 ubiquitin ligase[J]. Nature Genetics, 39 (5): 623-630.

SONG X J, KUROHA T, AYANO M, et al., 2015. Rare allele of a previously unidentified histone H4 acetyltransferase enhances grain weight, yield, and plant biomass in rice[J]. Proceeding of National Academy of Science, 112 (1): 76-81.

SONG X, QIU S Q, XU C G, et al., 2005. Genetic dissection of embryo sac fertility, pollen fertility, and their contributions to spikelet fertility of intersubspecific hybrids in rice[J]. Theoretical and Applied Genetics, 110

（2）：205-211.

STITT M, ZEEMAN S C, 2012. Starch turnover: pathways, regulation and role in growth[J]. Current Opinion in Plant Biology, 15（3）：282-292.

SUI P F, JIN J, YE S, et al., 2012. H3K36 methylation is critical for brassinosteroid-regulated plant growth and development in rice[J]. Plant Journal, 70（2）：340-347.

SUI P, SHI J, GAO X, et al., 2013. H3K36 methylation is involved in promoting rice flowering[J]. Molecular Plant, 6（3）：975-977.

SUN H, QIAN Q, WU K, et al., 2014. Heterotrimeric G proteins regulate nitrogen-use efficiency in rice[J]. Nature Genetics, 46（2）：652-656.

SUN L J, LI X J, FU Y C, et al., 2013. *GS6*, a member of the GRAS gene family, negatively regulates grain size in rice[J]. Journal of Integrative Plant Biology, 55（10）：938-949.

SUN L P, ZHANG Y X, ZHANG P P, et al., 2015. K-Domain splicing factor *OsMADS1* regulates open hull male sterility in rice[J]. Rice Science, 22（5）：207-216.

SUN S Y, WANG L, MAO H L, et al., 2018. A G-protein pathway determines grain size in rice[J]. Nature Communication, 9（1）：851.

SUNOHARA H, KAWAI T, SHIMIZU-SATO S, et al., 2009. A dominant mutation of *TWISTED DWARF 1* encoding an α-tubulin protein causes severe dwarfism and right helical growth in rice[J]. Genes & Genetic Systems, 84（3）：209-218.

TAJ G, AGARWAL P, GRANT M, et al., 2010. MAPK machinery in plants: recognition and response to different stresses through multiple signal transduction pathways[J]. Plant Signaling & Behavior, 5（11）：1370-1378.

TAKAGI H, ABE A, YOSHIDA K, et al., 2013. QTL-seq: rapid mapping of quantitative trait loci in rice by whole genome resequencing of DNA from two bulked populations[J]. The Plant Journal, 74：174-183.

TAKAIWA F, KIKUCHI S, AND OONO K, 1986. The structure of rice storage protein glutelin precursor deduced from cDNA[J]. FEBS Letters, 206（1）：33-35.

TAKANO-KAI N, JIANG H, POWELL A, et al., 2013. Multiple and independent origins of short seeded alleles of *GS3* in rice[J]. Breeding Science, 63（1）：77-85.

TANABE S, ASHIKARI M, FUJIOKA S, et al., 2005. A novel cytochrome P450 is implicated in brassinosteroid biosynthesis via the characterization of a rice dwarf mutant, *dwarf 11*, with reduced seed length[J]. Plant Cell, 17（3）：776-790.

TANABE S, MIEDA K, ASHIKARI M, et al., 2007. Mapping of *small and round seed 1* gene in rice[J]. Rice Genet Newsletters, 23：44-47.

TANAKA A, NAKAGAWA H, TOMITA C, et al., 2009. *BRASSINOSTEROID UPREGULATED1*, encoding a helix-loop-helix protein, is a novel gene involved in brassinosteroid signaling and controls bending of the lamina joint in rice[J]. Plant Physiology, 151（2）：669-680.

TANAKA K, SUGIMOTO T, OGAWA M, et al., 1980. Isolation and characterization of two types of protein bodies in the rice endosperm[J]. Agricultural and Biological Chemistry, 44（7）：1633-1639.

TENA G, ASAI T, CHIU W L, et al., 2001. Plant mitogen-activated protein kinase signaling cascades[J]. Current Opinion in Plant Biology, 4（5）：392-400.

THEISSEN G, BECKER A, DI ROSA A, et al., 2000. A short history of MADS-box genes in plants[J]. Plant molecular biology, 42（1）：115-149.

THIRUMURUGAN T, ITO Y, KUBO T, et al., 2008. Identification, characterization and interaction of *HAP* family genes in rice[J]. Molecular Genetics & Genomics, 279（1-4）：279-289.

THITISAKSAKUL M, JIMENEZ R C, ARIAS M C, et al., 2012. Effects of environmental factors on cereal starch biosynthesis and composition[J]. Journal of Cereal Science, 56（1）：67-80.

TIAN L H, DAI L L, YIN Z J, et al., 2013. Small GTPase Sar1 is crucial for proglutelin and α-globulin export from the endoplasmic reticulum in rice endosperm[J]. Journal of Experimental Botany, 64(10): 2831-2845.

TIAN P, LIU J, MOU C, et al., 2018. *GW5-Like*, a homolog of *GW5*, negatively regulates grain width, weight and salt resistance in rice[J]. Journal of Integrative Plant Biology.

TONG H, JIN Y, LIU W, et al., 2009. DWARF AND LOW-TILLERING, a new member of the GRAS family, plays positive roles in brassinosteroid signaling in rice[J]. Plant Journal, 58(5): 803-816.

TONG H, LIU L, JIN Y, et al., 2012. DWARF AND LOW-TILLERING acts as a direct downstream target of a GSK3/SHAGGY-Like kinase to mediate brassinosteroid responses in rice[J]. Plant Cell, 24(6): 2562-2577.

TONG X H, WANG Y F, SUN A Q, et al., 2018. *Notched belly grain 4*, a novel allele of *dwarf 11*, regulates grain shape and seed germination in rice (*Oryza sativa* L.)[J]. International Journal of Molecular Sciences, 19: 4069.

TSUKAGUCHI T, HORIE T, KOSHIOKA M, 1999. Dynamics of abscisic acid levels during grain-filling in rice: comparisons between superior and inferior spikelets[J]. Plant Production Science, 2(4): 223-226.

URANO D, CHEN J G, BOTELLA J R, et al., 2013. Heterotrimeric G protein signalling in the plant kingdom[J]. Open Biology, 3(3): 120186-120186.

UTSUNOMIYA Y, SAMEJIMA C, TAKAYANAGI Y, et al., 2011. Suppression of the rice heterotrimeric G protein beta-subunit gene, *RGB1*, causes dwarfism and browning of internodes and lamina joint regions[J]. Plant Journal, 67(5): 907-916.

VENKAT REDDY P, 2017. Development of functional marker for grain weight gene *GW2* in Rice[J]. Molecular Plant, 10(1): 735-748.

WANG C S, TANG S C, ZHAN Q L, et al., 2019. Dissecting a heterotic gene through GradedPool-Seq mapping informs a rice-improvement strategy[J]. Nature Communication, 10: 2982.

WANG E, WANG J J, ZHU X D, et al., 2008. Control of rice grainfilling and yield by a gene with a potential signature of domestication[J]. Nature Genetics, 40(11): 1370-1374.

WANG J C, XU H, ZHU Y, et al., 2013. OsbZIP58, a basic leucine zipper transcription factor, regulates starch biosynthesis in rice endosperm[J]. Journal of Experimental Botany, 11(11): 3453-3466.

WANG L, ZENG X Q, ZHUANG H, et al., 2017. Ectopic expression of *OsMADS1* caused dwarfism and spikelet alteration in rice[J]. Plant Growth Regulation, 81(3): 433-442.

WANG S K, LI S, LIU Q, et al., 2015. The *OsSPL16-GW7* regulatory module determines grain shape and simultaneously improves rice yield and grain quality[J]. Nature Genetics, 47(8): 949-954.

WANG S K, WU K, YUAN Q B, et al., 2012. Control of grain size, shape and quality by *OsSPL 16* in rice[J]. Nature Genetics, 44(8): 950-954.

WANG Y H, REN Y L, LIU X, et al., 2010. OsRab5a regulates endomembrane or ganization and storage protein trafficking in rice endosperm cells[J]. Plant Journal, 64(5): 812-824.

WANG Y, XIONG G, HU J, et al., 2015. Copy number variation at the *GL7* locus contributes to grain size diversity in rice[J]. Nature Genetics, 47(8): 944-948.

WANG K J, TANG D, HONG L L, et al., 2010. *DEP* and *AFO* regulate reproductive habit in rice[J]. PLoS Genetics, 6(1): e1000818.

WOBUS U, WEBER H, 1999. Seed maturation: genetic programmes and control signals[J]. Current Opinion in Plant Biology, 2(1): 33-38.

WU C Y, TRIEU A, RADHAKRISHNAN P, et al, 2008. Brassinosteroids regulate grain filling in rice[J]. Plant Cell, 20(8): 2130-2145.

WU L, REN D, HU S, et al., 2016. Down-regulation of a nicotinate phosphoribosyl-transferase gene, *OsNaPRT1*, leads to withered leaf tips[J]. Plant Physiology, 171(2): 1085-1098.

XIA K F, OU X J, TANG H D, et al., 2015. Rice microRNA osa-miR1848 targets the obtusifoliol 14α-demethylase gene *OsCYP51G3* and mediates the biosynthesis of phytosterols and brassinosteroids during development and in response to stress[J]. New Phytologist, 208（3）：790-802.

XU C J, LIU Y, LI Y B, et al., 2015. Differential expression of *GS5* regulates grain size in rice[J]. Journal of Experimental Botany, 66（9）：2611-2623.

XU F, FANG J, OU S, et al., 2015. Variations in *CYP78A13* coding region influence grain size and yield in rice[J]. Plant, Cell & Environment, 38（4）：800-811.

XU Z J, CHEN W F, MA D R, et al., 2004. Correlations between rice grain shapes and main qualitative characteristics[J]. Acta Agronomica Sinica, 30（9）：894-900.

YAMAGUCHI T, LEE D Y, MIYAO A, et al., 2006. Functional diversification of the two C-class MADS box genes *OsMADS3* and *OsMADS58* in *Oryza sativa*[J]. Plant Cell, 18（1）：15-28.

YAMAMURO C, IHARA Y, WU X, et al., 2000. Loss of function of a rice *brassinosteroid insensitive1* homolog prevents internode elongation and bending of the lamina joint [J]. Plant Cell, 12（9）：1591-1605.

YAN C J, ZHOU J H, YAN S, et al., 2007. Identification and characterization of a major QTL responsible for erect panicle trait in japonica rice（*Oryza sativa* L.）[J]. Theoretical and Applied Genetics, 115（8）：1093-1100.

YANG F, CHEN Y, TONG C, et al., 2014. Association mapping of starch physicochemical properties with starch synthesis-related gene markers in non-waxy rice（*Oryza sativa* L.）[J]. Molecular Breeding, 34（4）：1747-1763.

YANG J C, ZHANG J H, WANG Z Q, et al., 2001. Hormonal changes in the grains of rice subjected to water stress during grain filling[J]. Plant Physiology, 127（1）：315-323.

YANG W, GAO M, YIN X, et al., 2013. Control of rice embryo development, shoot apical meristem maintenance, and grain yield by a novel cytochrome P450[J]. Molecular Plant, 6(6): 1945-1960.

YANG X M, REN Y L, CAI Y, et al., 2018. Overexpression of *OsbHLH107*, a member of the basic helix-loop-helix transcription factor family, enhances grain size in rice (*Oryza sativa* L.) [J]. Rice, 11(1): 41.

YE Y, RAPE M, 2009. Building ubiquitin chains: E2 enzymes at work[J]. Nature Reviews Molecular Cell Biology, 10(11): 755-764.

YU J P, MIAO J L, ZHANG Z Y, et al., 2018. Alternative splicing of *OsLG3b* controls grain length and yield in *japonica* rice[J]. Plant Biotechnol Journal, 16: 1667-1678.

YUAN H, FAN S, HUANG J, et al., 2017. *08SG2/OsBAK1* regulates grain size and number, and functions differently in *Indica* and *Japonica* backgrounds in rice[J]. Rice, 10(1): 25.

ZENONI S, FASOLI M, TORNIELLI G B, et al., 2011. Overexpression of *PhEXPA1* increases cell size, modifies cell wall polymer composition and affects the timing of axillary meristem development in *Petunia hybrida*[J]. New Phytologist, 191(3): 662-677.

ZHANG B W, WANG X L, ZHAO Z Y, et al., 2016. OsBRI1 activates BR signaling by preventing binding between the TPR and kinase domains of OsBSK3 via phosphorylation[J]. Plant Physiology, 170(2): 1149-1161.

ZHANG D P, ZHOU Y, YIN J F, et al., 2015. Rice G-protein subunits *qPE9-1* and *RGB1* play distinct roles in abscisic acid responses and drought adaptation[J]. Journal of Experimental Botany, 66(20): 6371-6384.

ZHANG G, CHENG Z, ZHANG X, et al., 2011. Double repression of soluble starch synthase genes *SSIIa* and *SSIIIa* in rice (*Oryza sativa* L.) uncovers interactive effects on the physicochemical properties of starch[J]. Genome, 54(6): 448-459.

ZHANG J J, XUE H W, 2013. *OsLEC1/OsHAP3E* participates in the determination of meristem identity in both vegetative and reproductive developments of rice[J]. Journal of Integrative Plant Biology, 55: 232-249.

ZHANG J, CAI Y, YAN HG, et al., 2018. A critical role of *OsMADS1* in the development of the body of the palea in rice[J]. Journal of Integrative Plant Biology, 61 (1): 11-24.

ZHANG L G, CHENG Z, QIN R, et al., 2012. Identification and characterization of an epi-allele of *FIE1* reveals a regulatory linkage between two epigenetic marks in rice[J]. Plant Cell, 24 (11): 4407-4421.

ZHANG L, REN Y, LU B, et al., 2016. *FLOURY ENDOSPERM7* encodes a regulator of starch synthesis and amyloplast development essential for peripheral endosperm development in rice[J]. Journal of Experimental Botany, 67 (3): 633-647.

ZHANG L, YU H, MA B, et al., 2017. A natural tandem array alleviates epigenetic repression of *IPA1* and leads to superior yielding rice[J]. Nature Communications, 8: 14789.

ZHANG S, WANG S, XU Y, et al., 2015. The auxin response factor, OsARF19, controls rice leaf angles through positively regulating *OsGH3-5* and *OsBRI1*[J]. Plant, Cell & Environment, 38 (4): 638-654.

ZHANG X J, WANG J, HUANG J, et al., 2012. Rare allele of *OsPPKL1* associated with grain length causes extralarge grain and a significant yield increase in rice[J]. Proceeding of the National Academy Sciences, 109 (52): 21534-21539.

ZHANG X, SUN J, CAO X, et al., 2015. Epigenetic mutation of *RAV6* affects leaf angle and seed size in rice[J]. Plant Physiology, 169 (3): 2118-2128.

ZHANG Y C, YU Y, WANG C Y, et al., 2013. Overexpression of microRNA OsmiR397 improves rice yield by increasing grain size and promoting panicle branching[J]. Nature Biotechnology, 31 (9): 848-852.

ZHANG Z Y, LI J J, TANG Z S, et al., 2018. Gnp4/LAX2, a RAWUL protein, interferes with the OsIAA3-OsARF25 interaction to regulate grain length via the auxin signaling pathway in rice[J]. J Experimental Botany, 69（2）: 4723-4737.

ZHAO D S, LI Q F, ZHANG C Q, et al., 2018. *GS9* acts as a transcriptional activator to regulate rice grain shape and appearance quality[J]. Nature Communications, 9（1）: 1240.

ZHENG J, ZHANG Y, WANG C, 2015. Molecular functions of genes related to grain shape in rice[J]. Breeding Science, 65（2）: 120-126.

ZHOU S R, YIN L L, XUE H W, 2013. Functional genomics based understanding of rice endosperm development[J]. Current Opinion in Plant Biology, 16（2）: 236-246.

ZHOU W, WANG X, ZHOU D, et al., 2017. Overexpression of the 16-kDa α-amylase/trypsin inhibitor RAG2 improves grain yield and quality of rice[J]. Plant Biotechnology Journal, 15（5）: 568-580.

ZHOU Y, MIAO J, GU H, et al., 2015. Natural variations in *SLG7* regulate grain shape in rice[J]. Genetics, 201（4）: 1591-1599.

ZHOU Y, ZHU J Y, LI Z Y, et al., 2009. Deletion in a quantitative trait gene *qPE9-1* associated with panicle erectness improves plant architecture during rice domestication[J]. Genetics, 183（1）: 315-324.

ZHU K, TANG D, YAN C J, et al., 2010. *ERECT PANICLE2* encodes a novel protein that regulates panicle erectness in *indica* rice[J]. Genetics, 184（2）: 343-350.

附　录

附录1　扫描电镜观察实验步骤

1　实验所需仪器型号

1.1　临界点干燥仪：型号K850，英国Quorum。

1.2　离子溅射装置：型号E-1045，日本株式会社日立高新技术那珂事务所。

1.3　扫描电子显微镜：型号Inspect，美国FEI。

1.4　优谱超纯水制造系统：UPH-Ⅱ-10T，成都超纯科技有限公司。

2　实验所需试剂

2.1　蔗糖：批号G8270，规格100g/瓶，Sigma生产。

2.2　酒精：批号20170607，规格500mL/瓶，成都市科龙化工试剂厂生产。

2.3　50%戊二醛：批号20170118Q，规格500mL/瓶，成都市科龙化工试剂厂生产。

4%（*w/v*）的蔗糖配制：称取4g蔗糖，溶解到100mL蒸馏水中。

磷酸盐缓冲溶液（PBS）的配制：分别取$Na_2HPO_4·12H_2O$ 3.61g、KCl 0.2g、NaCl 8.0g和KH_2PO_4 0.2g，然后加入双蒸水800mL，搅拌溶解，待完全溶解后调节pH值为7.2~7.4。

30%酒精的配制：量取30mL的无水乙醇，加入70mL的蒸馏水，摇匀后待用。

之后依次分别配制浓度为30%、50%、70%、80%、90%、95%的酒精。

3 实验操作

3.1 吸取并弃去样品中的固定液,用PBS洗涤2次,每次5min。

3.2 用4%(w/v)的蔗糖溶液洗涤一次,时间为5min。

3.3 将样品用一系列梯度酒精进行脱水,30%、50%、70%、80%、90%、95%、100%,每个梯度浸泡10min。

3.4 进行临界点干燥,小心选择样品合适的观察面,将标本粘贴在导电胶上,进行真空喷镀,最后在显微镜下选择合适的部位用适当的倍数进行观察并拍照。

附录2　CTAB法提取DNA的步骤

1 试剂配方

方法涉及的各试剂配方如下,其中,先按标准量配好各试剂后,再根据需要获得实际用量即可。

1.1 CTAB提取液:CTAB粉剂2g、1mol/L Tris粉剂1.21g、0.5mol/L EDTA粉剂0.74g、NaCl粉剂8.18g、β-巯基乙醇1mL,加双蒸水定容至100mL。

1.2 抽提液:氯仿500mL、异戊醇20mL。

1.3 DNA沉淀液:异丙醇(-20℃预冷)。

1.4 杂质洗脱液:无水乙醇70mL,加双蒸水定容至100mL。

1.5 DNA溶解液:超纯水。

2 具体操作步骤

2.1 取0.2g叶片,放入2mL离心管中,并放入1颗钢珠。

2.2 将离心管放入液氮中冷冻2min,用组织研磨粉碎仪粉碎样品。

2.3 向离心管中加入600μL的CTAB提取液,涡旋振荡混匀。

2.4 将离心管放入65℃水浴锅温浴30min,间或振荡3~5次,随后冷却至室温。

2.5 向离心管中加入700μL抽提液,上下颠倒混匀,静置10min。然后12 000r/min离心10min。

2.6 吸取500μL上清液,转移到1.5mL离心管中。向离心管中加入800μL

DNA沉淀液,上下颠倒混匀(切勿振荡),放入-20℃冰箱,沉淀DNA。

2.7 待出现絮状DNA沉淀后,12 000r/min离心10min。再加入700μL杂质洗脱液,静置5min,然后12 000r/min离心10min。随后倒掉杂质洗脱液,室温晾干或置于超净工作台中吹干。

2.8 待DNA晾干或吹干后,用50~100μL DNA溶解液(即超纯水)溶解DNA,分光光度计检测DNA质量和浓度。

附录3 用于$OsMADS1^{Olr}$精细定位的SSR标记和InDel引物

分子标记	正向引物(5′-3′)	反向引物(5′-3′)	在日本晴中的产物大小(bp)	在93-11中的产物大小(bp)
InDel 3-2	TACTTTAATTTTGCAGCTC	TTTTACCCCACTCCATCT	199	191
InDel 3-4	GCTTACCACACCTCTCCTCCT	TCCATATGCTTCCTTCTTCCA	174	173
InDel 3-7	CTGCACCGGAGAAATTTGAT	CGCATGCAGATGAATAGGTG	215	202
InDel 3-11	GGAATCCCTCCCTTCTTGTC	GGTCGGTAAAGACGGTGAAA	140	129
InDel 3-12	CCAGGGATCTTCTCATCCAA	CCTGGCTAGCATACCACACA	170	189
InDel 3-13	GCCATTGATCTTCTGCAGGT	TTTGTTGTCAATGCCCTGTT	153	138
InDel 3-14	TATAGCGGACTGGCCAAACT	CCACCCATGTCATCTTCCAT	195	207
InDel 3-16	CGACGCTGTTGATCCTGTTA	GAAATTAAGCAGCGGAAGCA	171	155
InDel 3-21	GCGAGATGGGCAGCTACTAC	ACACAATGTCCAGCTTGCAG	138	15`
RM3864	AGTCAACCTTGGGGGTAAGG	AGATACTGCCCGTGTCATCC	174	152
RM7576	CTGCCCTGCCTTTTGTACAC	GCGAGCATTCTTTCTTCCAC	205	221
FMM-3	AGGACGATGGAGGCAGTTGT	AATGTCTTTCAACACCGCACG	102	93

分子标记	正向引物（5'-3'）	反向引物（5'-3'）	在日本晴中的产物大小（bp）	在93-11中的产物大小（bp）
FMM-17	AGTATGTACCCCC TATAAGACCCAG	AACTTGAACACATG ACATATACTTTGC	99	150
FMM-23	GCCTCTTCGAG TTCTCCAGCTC	CTGCTGCGCC GGAACAAG	89	91
FMM-30	AAGGCGAGGGA AAAAAAAAACA	CTTGTATGGCAG GAGAGTGGTGA	233	0

附录4 扩增水稻品种中包括 *OsMADS1* 第一外显子在内的片段引物

引物	正向引物（5'-3'）	反向引物（5'-3'）	在日本晴中的产物大小（bp）
OsMADS1-S3	CTAACCGCAC ACCAATCACCT	GCAAGGGAAG AAACAGCAAGAT	1 224

附录5 cDNA链合成的实验步骤

1. 将提取的RNA置于冰上放于超净工作台里待用，将反转录的试剂盒取出放于冰上待用，取出200μL的RNase-free离心管置于冰上，并写好标记。

2. 按附表1依次加入试剂，并轻微振荡混匀。

附表1 试剂配制

试剂	所需的量
RNA	0.1~1μg
5 × TransScript All-in-One SuperMix for qPCR	4μL
gDNA Remover	1μL
RNase-free Water	加到20μL

3. 42℃下孵育30min。

4. 85℃加热5s。

附录6 qRT-PCR引物

引物	正向引物（5'-3'）	反向引物（5'-3'）	在日本晴中的产物大小（bp）
OsActin	AGGAAGGCTGGAAGAGGACC	CGGGAAATTGTGAGGGACAT	181
OsMADS1	CTACATGGACCATCTGAGCAATGA	AAGAGAGCACGCACGTACTTAG	222
GS3	GAACTCCTGATCCATTCATAACGATT	CAAACAGCGAAACTTCTTCAAGAA	161
GS5	CATTCCATGCAAATGCCAGTGGAC	CAGCCCTGCTTTGATGAGCTTG	230
GW2	CAGCAGGCATTCCCAGTTTTC	GTGGTCAGCCGAGCACTCTC	159
GW8	AGGAGTTTGATGAGGCCAAG	GCGTGTAGTATGGGCTCTCC	407
GW5	TGGGATATGGAATGGAATGGGTTGG	GATAGGGGTGGGAATGGGATGAATG	354
RGB1	GCTGCCTTGGTCTTTTCTCT	GGCCCAAATCTTCAAATTCT	273
DEP1	ATGCCCACGGTGTCGTAAC	TCGAACTTAATCAAAGGCCTAA	115
GGC2	GTGCAACTGCTTGTTATGCC	GCTCGGTCTACAGCACGAT	117
OsBU1	CTCATCTCTTCTCATCTGTTCTTC	ATCAGTAGTACACCGAGATGAGTA	207
OsBC1	AGTAGGGGAGCCAAGGCAAG	CAGACAAGGGGATGGACTCG	401
GluA1	GGTTGCAAGCATTTGAGCCA	GGCAACAACTGGCACTTCA	492
GluB2	CAAGCACAAACCCATGGCAT	CAACAACCGATGCATCACCA	570
GluB-1a	GAACCAATGTGCAACACCAG	GCCAAAGTCAGAGCCAAAAG	100
GluB7	GCGACCAGAAGGCTACAAAG	TTGCTTGTTGATCGTTGCTC	158

(续表)

引物	正向引物（5'-3'）	反向引物（5'-3'）	在日本晴中的产物大小（bp）
GluB-1b	CAAGACAAACGCTAACGCCTTC	TCGATAATCCTGGGTAGTATTG	193
GluB4	GGGTTGTGCCATGGATTTAC	TGGCGACCATAGCTTTCTCT	109
pro13b.3	GCTTGCCGCAATGCTATACT	CACAGCGCAGTTTGATGTTT	130
pro13a.2	CTACTACATTGCTCCGAGGAGC	CGCATGATGATGCATGACTTT	107
OsSar1d	GCTACGGCGATGGCTTCA	CATGCTCTGAGTCTCTACCATGTTC	246
OsbZIP58	CAAGGGAGCCATCACCATC	CCTTTCTGCTTCTTGAGCGTCTA	144
RPBF	ACTACGCGCCTCTCATCACC	TCACTCCACCACCACCTCCT	144
OsPDIL1-1	TTGCGTCTTCTGGTGACTTG	ACCAGGGCAAGAACATTCAG	117

附录7　构建载体的相关引物

引物名称	最终载体	插入载体（原始载体）	正向引物（5'-3'）和反向引物（5'-3'）
OE-1	pUbi::OsMADS1^Olr	pCUbi1390	F: CGGCGGATCCATCAGGTAGCCAAAACCACCAC R: GGACTAGTTGCCAATTAACTTGTTACCACATCC
Ri-1	pUbi::OsMADS1-RNAi	pLHRNAi	F: TTCTGCACTAGGTACCAGGCCTGAACAAATCAGGTCAAGAAAG R: CTGACGTAGGGGCGATAGAGCTCTGTTTGCATTGGCTTCT
Ri-2			F: CGGGGATCCGTCGACTACAACAAATCAGGTCAAGAAAG R: AGGTGGAAGACGCGTTACTGTTTGCATTGGCTTCT

(续表)

引物名称	最终载体	插入载体（原始载体）	正向引物（5'-3'）和反向引物（5'-3'）
O18-Ri	pOsOle18::OsMADS1-RNAi	pUbi::OsMADS1-RNAi	F: CCCAAGCTTATGTCTGCCAGCATTGTGAAG R: CGGGGTACCTGTTTGCATTGGCTTCT
Os1-1	pOsMADS1::GUS	pCAMBIA1305.1	F: CTCGGTACCCGGGGATCCCAGACGTTACTTGAGAACCTATTC R: CCCTCAGATCTACCATGGCTTCTCCTCCTCCTCTCT

附录8 扩增OsMADS1和OsMADS1olr cDNA的RT-PCR引物

引物	正向引物（5'-3'）	反向引物（5'-3'）	在日本晴中的产物大小（bp）
OsMADS1-RT	TTCGCCAAGCGCAGGGTCG	GGAGCTGCTGCATCCTGTGAGTT	188